U0919295

中国首档青年电视公开课

人生路莫慌张

主编：《开讲啦》栏目组

北京联合出版公司

图书在版编目（CIP）数据

开讲啦：人生路，莫慌张／《开讲啦》栏目组主编. —北京：北京联合出版公司，2012.12

ISBN 978-7-5502-1246-6

Ⅰ. ①开…　Ⅱ. ①开…　Ⅲ. ①人生哲学-通俗读物　Ⅳ. ①B821-49

中国版本图书馆CIP数据核字（2012）第291050号

开讲啦：人生路，莫慌张

主　　编：《开讲啦》栏目组
责任编辑：刘　凯
内文排版：大汉方圆

北京联合出版公司出版
（北京市西城区德外大街83号楼9层　100088）
廊坊市兰新雅彩印有限公司　新华书店经销
字数：171千字　889毫米×650毫米　1/16　印张：15
2013年1月第1版　2013年1月第1次印刷
ISBN：978-7-5502-1246-6
定价：35.00元

本书若有质量问题，请与本公司图书销售中心联系调换。电话：010-82069000

目录
Contents

人生路，莫慌张

陈坤：

陈坤，爱演戏，更爱公益。2011年，他以“行走的力量”开辟人生新篇章，成为明星公益的新标杆，他给喧嚣的娱乐圈带来清新之气，让偶像概念更具深度。他内心强大，乐观积极，给中国青年带来正能量。十二年前，从北京电影学院拿到毕业证书时，他已经小有名气。毕业十二年，他一直走在公益的路上。从实现自己的梦想到帮助他人实现梦想，从明星到公益人，陈坤出发了，他说人生就是一场行走，人生路，莫慌张!

人生需要自我鼓励

很高兴来到这儿跟大家见面，大家把掌声送给我的时候，我把我的掌声也送给在座的所有朋友。为什么呢？因为我们的人生是需要自己鼓励的。来，掌声再来一次。

今天，我来这儿没有作任何准备，因为任何准备对我来说都是有的放矢。上场之前，制片人跟我说，会有十位非常优秀的朋友坐在我面前，我当时觉得我是在参加电影学院的专业课考试，一下紧张起来了。为什么呢？因为我最害怕的莫过于竞赛型的或者表现类的东西，我从小到大一直是一个比较蔫儿、比较自卑的人。2008年之前，我都不是特别爱说话。没想到2008年之后，我变成了一个话痨，这绝对是真的。那么这个变化来自什么地方呢？来自于我内心力量的转变。每个人都看到了陈坤以前忧郁的样子，“忧郁”这两个字好像已经是我身上扔不掉的后缀词。但在我内心深处，我要告诉大家，我是多种颜色的，我想要把我身上大家看不见的多种颜色呈现出来。

你们老鼓掌我就没办法继续说话了，但是感谢你们，因为你们的笑容和掌声让我可以讲下去。我真的不知道要讲什么，因为题目是我的同事跟制片人一起商量的，叫“人生路，莫慌张”。今天，直到上台前我还跟大家开玩笑说是不是“人生路，莫慌张”啊。我是“75后”，水瓶座，B型血，非常自恋、非常骄傲，同时也非常脆弱和自卑。到现在还是这样，经常会感到紧张，有些时候我也会表现出非常轻松的样子，但更多的时候，只要听到大家给我的掌声，我就会觉得很开心。

同样，在某一个角落里面，我的细腻和敏感使我会注意到某一个人没有给我鼓掌，我心里就会难过。就好像前两天发生在我身上的一件很小的事情：我们“行走的力量”团队，想要去帮助一个新疆的小朋友，为他捐几万块钱。我们在微博中把这件事发出来后，很多朋友都给了我们一些鼓励，但是我在看微博评论的时候，反倒因为有些人质疑我，心里很难过。这时我弟弟说了一句很棒的话，他说：“你为什么没有看见90%的人在为你鼓励，为你加油，为你呐喊，给你支持，你偏偏要看到一些尖锐的话呢？”其实这个就是今天我要讲的话题，我们应该用什么样的视角去看待生活中的每一件事情。而今天我所能讲的，也只是把我自己经历过的一些事情，跟在座的朋友们分享，希望对你们有用。因为连我都能做得到的事情，大家只要开始做，一定会做得比我还好!

我的少年时期

我是看《封神榜》长大的小孩。小时候，我身边所有同学都在看《红楼梦》《水浒传》《三国演义》，或者是其他世界名著，巴尔扎克的小说、莫泊桑的中短篇小说，而我从小到大都只喜欢看《封神榜》，因为不怎么说话，脑子里老是想一些很奇怪的事情。我是跟外婆长大的，有两个弟弟，在我们家乡那个小城，我是少有的单亲家庭的孩子，从小不爱说话，人比较蔫儿，加上又长得比较好看，老是被人欺负，这样一个成长的过程给我很大的压力，让我变得软弱。我不知道自卑来自哪里，可能是来自家里没有父亲，或者我母亲工作也不容易。但是我非常感激，感激那个时候的软弱，因为我一直沉浸在非常开阔的《封神榜》世界里面。我经常会在放学走回外婆家也就几分钟的路上，一直在想，如果比干的眼睛被挖掉了之后，给他两个丹药放在眼睛里面，它会不会伸出两只手来，上面还长了两只眼睛，可以上看天庭，下看地狱，太酷了……回到家后，我脑子还停不下来，还在想，一个七岁的孩子，吃了一个桃子，长出了一对翅膀，变成了雷震子，他可以挥起他的棒子，去救他的父亲……还有我非常喜欢的乾坤圈、混天绫的主人哪吒，只晃了两下手中的宝物，就把龙给打死了。

其实那个时候，在我柔弱的外表下，已经孕育出了一个非常强烈的属于自我的世界。

在那个时期，还有一部小说对我非常有吸引力——《基督山伯爵》，它令我萌生了对钱的极大热情。《基督山伯爵》的故事来自一本我永远都喜欢看的小人书。每次看到他找到一个宝藏，手上捧了一大把宝石的时候，我都会停在那一页。因为小时候家里比较穷，我就一直看那一页，一直梦想着有一天自己会非常富有。

我学习成绩在班里一直不错，可同学依然没有停止对我的欺负。春游的时候，小朋友分组，没有人愿意跟我一组，因为我的外婆比较节俭，家里也穷，我带不了什么东西跟同学分享。虽然在现实世界里我经常有被孤立的感觉，但是在我的精神世界里面，我一直都是像哪吒那种可以飞到天上的人，或者是那个可以发现宝藏的人，活得非常快乐。

我从小就是一个比同龄人想象力更丰富的孩子，我经常会逃避到某种自己假设的世界里面。我今年三十多岁了，越来越明白其实当初我是在逃避。小时候，当我脆弱的时候，总感觉每个人都在欺负我，好像每个人对我都不是善意的。后来，我每天都做一点儿小小的练习，试着用温暖的眼睛来看所有的人。我想说的是，用什么样的眼睛看你生活的世界，你就会得到什么样的回馈和内心感受。这是我从小时候逃避到另外一个假想空间再到今天进入现实世界的过程中，一直强迫自己学习和练习的事情。后来我渐渐发现现实没有那么残酷，所以我现在比以前快乐了。

我就是这么长大的，我感谢我那段较为扭曲、较为拧巴、较为嫉恨、较为脆弱的少年时代，但是我没有选错我的路。因为到今天为止，我依然不认为当我更有名、成为更大的明星、赚更多钱的时候，我会更快乐。

大学的时候，我依然是一个比较闷的人，但那时候的闷跟小学时期的闷很不一样，大学时候的闷带着一点儿小小的优越感。这个优越感来自什么呢？我观察过我自己，也许是因为自卑。其实我们身边有很多骄傲的人都是自卑的，比如当一个人得到一个好职位的时候，他就会莫名其妙地骄傲，这时一个高管跟他说：“陈总，你怎么样？”他会很得意地说：“不错啊！”这种骄傲，很大一部分原因来自他内心的自卑。

我在上电影学院的时候，就有一种很自卑的骄傲，为什么呢？因为其他同学都是从高中直接考上来的，而我那个时候已经在夜总会当过服务员，唱过歌，在东方歌舞团上过一年班了。进了电影学院，上课对我来说不是很难，但我跟同学不怎么交流。当我看到一个同学家里条件比较好的时候，我就会想：“有什么了不起，不就家里条件好吗？”非常自卑，并且在同学面前还会表现出来，I don’t care about that（我不在乎）。当然这个骄傲到今天还会存在，就好像一个好朋友，他开了一辆很棒的车，到我面前说：“我这个车很棒。”不就是一辆车吗？虽然我也想要，但是我发现我的心中有一种很奇怪的、莫名的骄傲。

我为什么讲了这么一堆事给大家听呢？我是想说，我们每个人在面对其他人的时候，都应该静下心来听听自己的内心，为什么会这么做？你（现场同学）为什么点头？你可以回答一下吗？

现场同学：我比较认可你的观点，所以点头了。

我们就来追溯这个思维方式好吗？为什么我上场的时候非常紧张，

因为我怕万一我在上面说的时候，面对的恰巧是一个很严肃的团体，那样他们就不会给我掌声，我的紧张来自这个。我有一个想要被回馈的诉求，所以我才紧张，是不是？但是没想到我上来之后，大家给了我很多掌声，我瞬间开始顺畅和放松了。为什么呢？我想问一个问题，我的紧张跟放松，这两点都来自你们的回馈，但是我自己的立场是什么样的呢？你们想过这个吗？也就是说，如果你的上司对你说你非常棒，你很高兴。那如果骂你呢？你就很沮丧。这样你不是很容易被所有人带着走了吗？

在电影学院上学的时候，我被所有的一切带着走，我被同学的好成绩带着走，故意装作不在乎，另外一个同学想要跟我打架，我很愤怒。直到现在，我们所有人永远都是：别人扔球，我们在接球。但实际上，如果你心里定下来的时候，有很多球扔过来，你是可以不接的。

我有一个坏毛病，就是一旦讲得很投入，话痨的本性就出现了，我经常会跑题，大家不要介意，好吗？我特别想做一个很棒的人，不是你们认可的那种人，不是因为我做了“行走的力量”，不是因为我演戏演得好。我特别想做一个我心里认为的那种很好的人。在学校的时候，老师经常会说：“你们问过自己吗，你们是谁？”好像我们貌似都被问过，当时大都是随便那么一问。但我还是很希望大家能认真地问一下自己：在你心里，你是谁？你想成为一个什么样的人？我很感谢今天这个气场和氛围让我说出来这些话，我希望成为一个让自己都很尊重的人。因为在现实生活中，几乎所有被我看见的人，我都不能完全尊重他们，我只会尊重他们的某一方面。

今天我之所以要讲这些，是想说，未来你们进入社会的时候，你们见到的每个人，都不要给他设一个完美的框架。因为在我们的生活里面，不会出现一个完美的人，我们最多只是想成为一个完美的行进者。所以我希望你们在找爱人的时候，或者是面对你们的父母、你们的孩子、你们的伙伴、你们很崇拜的人的时候，都不要给他们一个后缀：他是完美的，这样你才不会那么快失望。而当你发现所有人都在朝一个好的方向往前走，只是跟你前后脚的时候，你会带着一颗更宽容的心。你在宽容他们的时候，也在宽容你自己。

选择与欲望

长大之后，我遇见的最麻烦的事情，莫过于2010年我离开原来的经纪公司。我就像一个面对考试的小学生，我是要做自己的团队呢，还是要加入另外一个可以给我更多酬劳或可以给我更多表演机会的公司呢？这成了令我连续十五天严重失眠的一个大难题。

那个时候，我完全迷失了。为什么？因为我被我的贪念、我的欲望、我的所有，还有你们想象不到的一些诱惑，包括我自己心里臆想出来的一些东西完全带走了。举个例子吧，那时我离开了我的公司，有一个电影圈的朋友给我打电话说："我给你一点儿股票，你加入我的公司吧。"还有另外一个人说："你到我的公司来吧，我三年保证你多少戏。”这些对我都很有诱惑。

我不知道我踏出那一步，对于我意味着什么。有一天晚上，两三点钟，我站在窗边发呆，安静地看着窗外的世界。整个城市很安静，很安静。我问了自己一个问题：陈坤，你想做什么？没有答案，完全没有答案。我再问自己：陈坤，你心里到底想要什么？我突然开始回答我自己了，我的自我对话功能完全启动了。

我说你想要钱吗？

我回答我想。

要多少钱你才开心？

我说要更多的钱。

我继续问自己，你要更多的钱是为什么呢？

我要买更多房子，这样会让我觉得安全。

那安全感带给你的是什么？

安全感带给我的是心里的平静。

那平静带给你的是什么？

平静让我知道，我真正想要什么。

我说我要保持一颗清贫的心。

其实今天我回过头去看这段自我对话的时候，我觉得我依然是在表演。为什么在表演？是因为面对太多诱惑的时候，我不知道该怎么办，我只是在找另外一个借口来面对上一个借口而已，只不过这个借口还比较漂亮。

我想要的是什么呢？我想让我自己找到我的心，让我的心理力量越来越自然、越来越柔软、越来越强大，我要摆脱环境对我的影响，我希望自己能够境随心转。可能很多时候，我的暴脾气、我内心的计较和敏感，依然在我身体里面时涌时现，只不过我要跟大家分享的是，人生路还很长，我才三十多岁，未来还有很长的路。虽然我们每个人面对的路会不一样，但有些时候，花点儿时间，想想用一个什么样的心态看世界，也不算浪费时间。

内心的力量

我非常提倡一个新的方式，叫往回走。什么叫往回走？我们的眼睛永远看外面，看到所有人邀请我们，或者拒绝我们。如果这个人邀请了，给了我一份工作，我非常高兴；如果这个人没有给我工作的机会，去面试了之后，我会非常沮丧。一切都是来自外部对我们的影响，所以我希望大家朝外看的时候，从别人给我们的反馈、给我们带来的喜悦里面，找到一条新路，通过这条路，我们的眼睛再往里看，看我们的心。至于怎么看我们的心，我提出了一个新的方法，也就是2010年我们公司东申童画提出了一个关于心灵的，所有的人都认为不应该做的一个项目，叫“行走的力量”。

我们的喜怒哀乐被外面的人影响，我们需要转换一个视角往里面看，看到自己的内心。我们需要一种适合自己的方法，比如，你可以坐在这里安安静静地听你的心跳；你也可以回到家里面做SPA，能够让你放松，能够听到你心里的声音；你还可以去禅定，让安静的状态进入你的内心。行走的力量是指在行走的时候，把你的注意力放在你的呼吸跟你的脚板心上面，不要看得很远，只看着前面的两步路，简单地行走，就这么简单。

我们提供的是一个关于心灵的方法，我希望通过我们今天的交流、分享，大家能够在未来进行这种尝试。我们选择了最笨的方式，却能够找到或者听到自己内心的声音。在我身边永远有非常多的聪明人，其实我在过去十多年的时间里面，也特别想成为聪明人，特别想成为一个了不起的人，被所有人赞扬的人，我希望自己更有名、更有钱，因为这样可以得到更多奖赏。

但是我想说，你安静下来的时候，会发现你尊不尊重你自己是最重要的。也就是说，当有一天，我成了一个大明星的时候，即使我心里一点儿快乐都没有，也是没有人知道的，只有我自己知道，就是这样。

我现在希望我自己能够在如此快节奏的城市里面，在无数的诱惑和欲望面前，学会笨一点儿、慢一点儿、“二”一点儿、傻一点儿。因为整个社会随大溜都在往前面走，快！马上！立刻！今天我投了五十块钱，明天拿到两百块，逐利是如此之快。很多人说我先把财富跟生活、工作安排好了，等我有空闲的时候，再听内心的声音不好吗？而我提供的方法是说，大家可不可以现在就开始，先把你的心定下来，当你很清晰地看见所有的诱惑和前进方向的时候，你再选择是前进还是退回来。这个顺序我说清楚了吗？

“行走的力量”是一个完全不需要存在的项目，但是我会在今年进行它的第二季，我希望有一天大家知道，在无数个可以让你的心安静下来的方法里面，行走是一个很本能、很笨，可能让你觉得毫无作为，却是可以找到你内心的方法。你可以选择要，也可以选择不要。现在我们又回到今天的话题了，叫作“人生路，莫慌张”，That's all。

我不是一个可以跟大家分享成绩的人，我没有任何东西能够让你们觉得我了不起，或者让我认为自己了不起。我只是跟你们一样，在我的人生道路上，想成为自己心灵国王的人。我把这个方法和我自己这个案例放到你们面前，你们能看到前几年的忧郁小生，今天变成一个话痨的样子。并且，我很快乐地在做着一些我认为有意义的、也许别人认为无意义的事情，而我非常享受这种快乐的感觉。你们应该为我鼓掌，同样为你们自己鼓掌，因为从找到你们内心平静的时候开始，未来的道路绝对是你们可以掌握的，希望你们把心定下来，掌握属于自己的人生。

姚旭（青年代表）：

我是复旦大学国际政治专业的学生，已经去过两次西藏。去年八月的时候，我花了二十多天的时间，从成都沿川藏线骑自行车到了拉萨。你之前说过希望能够通过行走，来获得正能量。那我想问一下，正能量对于你而言，究竟可不可以被具象化？毕竟正能量对于每个人而言都是不同的。

开讲啦
VOICE

陈坤：

我要做的“行走的力量”是一个方法，先让你们找到内在的安静，这只是第一步。我现在无论走到哪儿，都要忘记所有的事情，我要把我的注意力放到呼吸上，简单地一心行走。

我还是没有办法帮你具象化，因为我是一个抽象思维的人。我一再强调“行走的力量”是你自己要行走，并且只有你自己知道走了之后的结果是什么。你不要问我，我走了之后是什么感受。我不知道，我也说不出来我走完了之后是什么样，但是你可以看到的是，两年前的忧郁小生变成了今天的陈坤。这个结果看得见吧？很多事情都没办法具象化，不具象并不表示不存在，就好像拿摇控器控制电视机一样，中间那条线你看不见，但是它存在。

正能量需要你相信它，并且通过你的方法找到它。

撒贝宁：

我认识的一个人，“行走的力量”给了他正能量，他的名字叫崔永元。很多年了，他睡不着觉，前几年，他在电视上做了一个节目叫《我的长征》，带着很多人把长征路重走了一遍。走下来之后，他睡得比谁都香，这就是正能量。

卞雅雯（青年代表）：

你觉得在别人眼中的陈坤更重要，还是你自己内心的陈坤更重要？

陈坤:

事实上，我们都是在别人的认可或者批判当中成长的。我们会因为别人的批判而难过，因为别人的赞美而高兴。我希望大家让自己的内心平静下来，找到内在力量之后，别人高兴捧你，你平平静静；别人抨击你，你也会平平静静。比如我们演员，在网络上经常会出现一些对我们不好的评论。刚出道的时候，网络还不是很发达，以前看见别人说我的坏话，我还在家里哭，太生气了，怎么能这么说我呢？要是这个人在我面前，我一定抽他一巴掌！这个绝对是我心里想的真话。有一段时间，我几乎不看这些，因为我很脆弱，我不敢看，我只能不看。

后来，做演员的时间长了，越来越成熟了，我心里开始平静下来，我只看大家对我的鼓励、给我的掌声，我感恩。看见别人骂我的时候，我心想没事，再过一两年还真没事了，然后发现，骂得挺好的，两年后你骂的还是我吗？

撒贝宁:

内心的力量强大起来以后，外界的很多东西就无所谓了，但不是说我们不在乎外界的东西，因为人是一个社会性的动物，我们永远不可能把自己关在家里自己坐着，我们永远要和社会接触，所以外界的反馈永远是重要的，关键是它能给你什么样的力量，是正面的还是负面的，这个要看你的内心。

吴佳轩
许多

许多（青年代表）：

我看过你写的书，就是《突然就走到了西藏》，对那里边的东西感受很深。我很想问你一个问题，你说在拍《画皮》之前，你对表演或者说做演员其实没有那么大的热爱，这些对你来说没有那么大的吸引力。那么，你在拍《画皮》之后，开始喜欢演员这个职业了，是因为你在过去几年里已经做出了相当不错的成绩，得到了观众的认可，还是因为真正从内心开始热爱它的，跟其他外界因素毫不相干呢？

陈坤：

因为我比普通人贪婪。你说的这些都是我之前面对的，我根本不想当演员，却红了。我做了一段时间之后发现了一个问题，这个问题你迟早也会面对的。如果你静下心来问自己的话，就是“快感在哪里”。你那么容易就得到了掌声，但你其实没有很用心地演戏，也没有在现场很享受拍戏的过程。你可以骗别人，骗得了自己吗？

很多我非常尊重的演员，他们比我演得更好，却没有我有名，其实我心里是有落差的。你明白吗？我就是一个付出很少却得到很多的人。也许很多人在这个时候会庆幸、高兴，但我是一个喜欢较劲的人，我不想像接受嗟来之食一样平白无故得到一个荣誉。我的贪婪首先来自我必须要对等，第二个层面才是我内心的贪婪：“我的快乐在哪里？”当你开始把心定下来，认认真真演戏的时候，这个戏卖得好不好跟你没关系，因为在这个过程中你全部享受过了。

吴佳轩（青年代表）：

你认为你现在是一个好演员吗？

陈坤：

越来越好。我不能跟你保证我现在是个好演员，但我现在起码比以前做演员的时候更享受演员这个职业本身了，难道这不比以前好吗？

吴佳轩（青年代表）：

你刚才一直提到，我们要达到一个内心的平静，但是我觉得二十几岁的时候是特别难达到内心平静的。因为你总是在幻想很多的东西，你要去达到一个什么样的高度；你希望你十年以后能够成为一个什么样的人；你希望你以后住什么样的房子；你希望你的家人过好的生活……这些都是在二十多岁爆发出来的激情，但是你又说要让自己归于平静，你不觉得这两者有一定冲突吗？

陈坤：

就是因为难，才要做。所有人都做同样的事情，都在从一个地方拿东西的时候，你拿的东西会越来越少，是不是？欲速则不达。并不是说所有人都在那儿争取的时候，你也在争取，你就赢了。就是因为现在你二十岁，心里难以安静下来，你才要做，如果很容易就做到了，我今天还跟你讲什么呢？不要横向比较，总是去看你的同学怎么样，你必须要学会不着急。为什么我今天的话题叫作“人生路，莫慌张”呢？就是要大家不着急。

邹一鸣（青年代表）:

我来自一个很偏远的山区，在上海读大学。每次回家，先坐三十八小时火车到成都，再坐十一小时火车到西昌，然后换乘两个半小时中巴车到我们县，最后还要步行半小时。到目前为止，我不知道我自己想干什么、能干什么，以后将在什么样的地方发展，很迷茫。

陈坤:

你现在面对的一切，你未来要做什么，你的老板是谁，你的爱人是谁，有没有房子、车子，所有这些我们都可以当成是外部的环境，对吗？我只教你一个方法，也是我自己想出来的很笨的方法，就是先安静下来。你现在对未来的迷茫就好像在跟一个人吵架一样，你跟他吵得很迷茫，乱七八糟的，而且吵得非常紧张。这时候，你可以选择先休息五分钟，然后再来跟他吵，很多事情就都可以解决了。

我要送你三个词，也是送给我自己的，这三个词对我非常重要，第一个是发现，第二个是接受，第三个是转变。首先，发现你自己的弱，你发现自己会因为别人的否定和批判而难过时，你要认识自己内心的弱。然后，开始接受，也许他说的是对的，比如别人说陈坤你很二，以前大部分时间我都在反驳说不是，现在我变成了说我是，顺了，仅此而已。接着，你要转变，你要让自己变得强大。

撒贝宁:

在心理学上有一个面对突发事件和激烈冲突的法则，叫“黄金十秒钟”法则，就是深呼吸十秒钟，十秒钟后所有一切豁然开朗，因为当你处在那个焦点上的时候，你的头脑是混乱的。我还想告诉现场所有的同学，我做过调查，绝大多数大二的同学，甚至大三、大四的同学，不知道自己要干吗，未来会怎么样，对未来一片迷茫。现在，完全没有计划的同学请举手，你们可以看看，都一样！但是我跟他们不一样，我是研究生毕业了之后依然不知道自己要干吗，所以不要着急、不要紧张，慢慢来，人生路，莫慌张。

陈坤：

对，人生路，莫慌张。还有就是，并不是现在有了工作和事业的人，就不迷茫了。你问我未来要做什么，我也不知道，但我可以说，不管发生什么，我希望我能高兴地面对，也许突如其来的事情还是会让我沮丧，但我会时刻提醒自己。

胡凤娇（青年代表）：

我是最近在网络上面看到陈坤在做公益的，在西藏行走十天。但是，你关注的是能不能得到内心的安静，我不觉得这个跟做公益有什么直接联系，是不是你花点儿钱捐给一些学校、赞助一些贫困学生会更有意义一点儿？我想问一下，你真觉得“行走的力量”有意义吗？公益在哪里，我没有看出来。

陈坤：

我很感谢她提了这个问题，刚好我想把一些话说出来。第一，捐钱我没有少捐过，只是增加了一个“行走的力量”，并不是我做了这个没

做那个。第二，我跟所有人说过，“行走的力量”是一个不需要存在的事情。我们这个世界上所有的人都在做着应该做的事情，但是请你告诉我什么是应该的。比如说慈善就应该做，是吗？一家人需要钱建房子，一个人需要治病，一群小孩需要吃饭，我给他们捐钱了，这是公益。还有一个方式，有些人需要衣服，我把自己穿过的衣服洗干净捐过去，这也是一种公益。他在危难的时候，我对他微笑说“你很棒”，这难道不是一种公益吗？第三，我跟大家分享的叫心灵平静，让你们自救。我的意思是，在行走的过程里面，你们为自己行走的时候，让自己内心觉醒，难道这个还不是心灵的慈善吗？

我的每个朋友，在看到我这个项目计划书的时候，都跟我说：“陈坤，你干吗呢，这事吃力不讨好，你做一个更有爆点的事不是更好吗？”我到现在，不需要作秀了，我是在做我自己觉得应该做的事情，但没有一个人跟我说你应该做这个或那个，因为每一分钱都是我自己钱包里的钱。如果现在我跟你说：妹妹，你包里面的钱拿给他二十块，拿给他五十块，你做吗？我在做着一个我认为对的，对社会、对我自己内心或者对某些朋友有用的事情，不需要或者说我不接受质疑，我不接受！

我们能不能做一点儿不是马上就能看到意义的事情呢？

撒贝宁：

实际上捐助物质的公益是一种方式，但是中国自古以来有一种说法，叫“授人以鱼不如授人以渔”，你给他一条鱼，不如告诉他怎么去打鱼。

所以陈坤他这种行走的活动，表面上看没给我们带来什么物质上的东西，但是如果有人能够从这个力量当中感受到，原来我还可以用这样的方式去回望一下自己的人生，寻找一下内心的正能量，也许他未来的道路会更广阔。

那建勋（青年代表）：

我跟您一样，单亲家庭，是跟着奶奶长大的。从小到大，家人对我的期望太高了，如果我不是第一名的话，奶奶就会去找班主任来分析我的试卷。直到我来到上海上大学，每次打电话，她都会先问成绩，第二句才是“身体怎么样”。所以我觉得难以承受这种压力。去年我背着家人去了一趟西藏，用自己打工一个学期赚的钱，买了站票，站了四十四小时，从成都到了西藏。我觉得内心非常缺乏安全感，我非常想摆脱现实的高压，去寻求内心的渴望。为什么我在一定程度上非常理解“行走的力量”这个项目？因为我也是一个非常爱走、非常想走，也非常需要行走的人。

我从高原回到了高楼大厦之间，真觉得内心的宁静又被现实中家人的期盼影响得完全消失了。你说我们可以不去面对外界给我们的评价，我们去追求自己的内心，但是这种评价、这种期盼是来自我们最爱的人，没有办法回避。

陈坤：

当环境不能被你改变的时候，用改变自己去适应环境，这也是一个

很简单的道理。因为你以前一直认为他们给你的是压力，所以你要转换一下思维，感谢他们的推动，你才能有今天。人真正的成长和成熟来自感恩，感恩的不仅仅是给你机会的人。我知道很难，我也学得很难。你要感谢那些给你压力，包括你觉得是给你负能量的人，你必须要学会感谢他们。

撒贝宁:

年轻人有时候做事情是因为冲动，会因为一时的情绪而忘记了顾及周围的人，尤其是你身边最亲密的人。也许他爱你的方式你接受不了，但是那一瞬间他会因为你的任性甚至自私的做法而受到伤害。所以在我们去发泄自己的情绪、去寻找自己内心的时候，一定不要让爱我们的人担心，这是年轻人首要的责任。

王晓亚（青年代表）：

您好，我是来自清华大学的王晓亚，刚才听到几位同学提到他们行走的经历，但我觉得跟您刚才提到的情况完全不一样。我不知道大家有没有跑过马拉松，如果没有，可以想一下我们在大学里跑三千米，当我们能够听到自己的呼吸的时候，能够听到自己的心跳的时候，我们会觉得非常累。我想知道您在行走的过程当中，会觉得累吗？

陈坤:

累不是应该的吗？累是必然的。但我们不是都要较这个劲吗？即使累了也要坚持到达终点。就好像不可能最好的工作都给你做，不可能最好的房子都给你住，不可能什么都如你意，我们无非就是想挑战这个。

而且好玩就好玩在我不行了，但我就要跟你玩。只有这样的方式才会让你觉得蛮有收获，不然你跟在地上行走有什么差别？所以，累不累不是重要的事情，重要的是你在心里不断发现力量，倾听它、接受它、转化它，然后继续行走。我给你打一个比方：我们上一次爬山，所有人把力量都放在爬山上面，可是爬到顶峰往下走的时候，大家都不行了。我们的人生里面，三十岁之前都是在爬坡，财富、名誉，所有的一切都在爬坡，但实际上，你要知道我们最应该作的准备是如何下山，比如我陈坤要准备的是：有一天我衰老了，没有工作了，我什么都不是了，只是一个过气演员的时候，我的心态还会不会像今天这么健康。所以我才要跟大家分享“人生路，莫慌张”。

撒贝宁：

今天的年轻人和我们那会儿不一样，但是有一些东西不会改变——心灵的力量。怎么去发现这些一直就存在的能量，怎么让它释放出来？曾经有人在微博上说：“如果你一天到晚拿着手机刷微博，坐在家里宅着看电视，天天上网，做着那些八十岁以后都能干的事，你要青春干什么呢？”

用现在的时光，找一个时间去行走、感受，把力量激发出来，和陈坤一起，我们在路上。趁年轻，莫慌张。

理想丰满

冯仑：

冯仑，商界思想家，带领万通前进二十年，守正出奇、践行理想，成为中国房地产业的标杆人物。他是青年心中的老师，他的语录被广为流传，他的言论被青年追捧，他的故事激励着青年奋斗的决心。三十年前，毕业于西北大学的他，寻思着要从事一个对国家未来有利的职业，这个职业叫老师。毕业三十年，他经历野蛮生长，却仍然理想丰满，他说理想让他看见了别人看不见的风景。

理想是人生的一个导航

我今天来到这里，想和大家分享一些过去的体会。这些体会都不是今天的，因为这些事情都过去很多年了，有的已经过去十年、二十年，甚至更长的时间，可我每天都在琢磨这些事。那么，首先我就跟大家聊聊什么是理想以及我对理想的一些看法。也可能我的答案只是我自己的，和你们的答案不一样，但这不影响我今天来跟你们聊这个事。

那么，什么是理想？实际上我是后来才发现的，当我遇到困难并无法解决的时候，理想是生活中的导航，是当我什么都不清楚的时候，让我知道该去哪儿的GPS。

大概在七年前，我和王石一起去戈壁滩，从西安开车一直到新疆乌鲁木齐。到新疆的时候，车突然坏了，前面的车已经走远了，那个地方也没有手机信号。我们只好把车停下来，司机第一个动作是把所有的空调都关掉，因为他说如果继续开，油量就有可能全部耗完。我们不知道该怎么办，什么都看不见，一个参照物都没有，地上全部都是戈壁滩上的鹅卵石，温度之高，很快就可以把轮胎粘到石头上。

没有办法跟任何人联系，我们越来越恐惧，渐渐开始焦躁。司机下车以后把门关上了，他就在那边转，不断地往地上看，看什么呢？看有没有车的印子，就是车辙，后来他发现有一个车辙。他回来说："也许我们可以冒个险。"这时他就把车开到那个车辙上面，把它横过来，然后对我们说："剩下的事情，只能等待，没有任何奢望。"然后我们就这么等着。等了将近一个小时，有一辆特别大的货车过来了，因为我们挡住了这个车辙，那个大车停下来以后，我们的司机就写了一个电话给那个司机，让他出去以后打电话给一个人，告诉他我们在这儿，让他来救我们。回来以后，我们在车上讨论说："这事儿靠谱吗？人家会给你打这个电话吗？"他说了一句话，让我至今难忘："在没有方向的地方，当生命是唯一选择的时候，信任是最宝贵的。"结果我们又等了一个多小时，果然我们的车子过来了，把我们接了出去。

这件事让我一直在想，人生中什么时候最让我们恐惧呢？不是没有钱的时候，不是没有水的时候，也不是没有车的时候，而是没有方向的时候。当你有了方向，所有的困难都不是困难了。于是我就想，理想这件事情，就相当于在戈壁滩上突然找到了方向。它就像心中的一个愿景、一个价值观，引导着你去这个方向，这个东西平时不出现，你如果锦衣玉食、歌舞升平、软玉温香拥满怀的时候，似乎不觉得这件事特重要。但就像我一样，到了戈壁滩上，没有方向的时候，才发现，要想活下来，第一件重要的事是一定要有方向。

理想是愿景和价值观的总和

这个方向应该怎么确定呢？我认为首先你心中要有一个清晰的价值观，这个价值观就是是非判断。比如你要去当兵，也许是因为你觉得保卫国家是一种责任；你要去当科学家，也许是因为你认为科学是人类巨大的财富；你想在江湖上当大哥，也许是因为你觉得当大哥的都很讲义气，能扛事。无论你有什么样的理想，你都要坚持到最后，都要兑现你的诺言，而这个让你坚持到最后的价值观，应该是有诚信的价值观、有道义的价值观。

有了价值观的驱使，你就会有一个方向感。这个方向感，在不同时间、不同场合，甚至每个人那里都不一样，差距太大了。我们去想，二十年前、三十年前的人们其实是没有个人理想的，他们只有家国情怀。那时候政党的意识形态、领袖的语录、伟大人物的形象，都变成了人们集体的理想，而人们自己的理想却是一个零，英雄和伟人就是他们的全部。黑格尔说：群众是什么，群众是没有意义的零，而领袖是一。所以在二十年前，人们都是零，不能谈自己的理想，能谈的只是领袖的理想、国家的理想。

所以你们会发现，比你们大二十岁、三十岁的人，说话用的词儿都是大词儿，特别大的词儿，一张嘴都是国家、社会。但是你再看看现在的人，这个时代，人们说的都是小词儿。比如说我喜欢放风筝，就这一件事，我要放到全世界第一，这就是一个理想；比如说我想娶个好媳妇，过好日子，这也是理想；比如说我要找一个“高富帅”，最近学生毕业的时候，教室里经常打出横幅，说三年变成“高富帅”，女生宿舍里也打出横幅，一定要变成“白富美”，这也是理想，你不能说这不是理想。

所以在今天，许多年前的社会理想、国家理想已经渐渐被个人理想代替了。我主张我们应该在一个时代、一个环境下，根据我们的现实、我们的价值观来确定我们的追求，提出我们自己的理想。

比如我现在是个买卖人，我的理想就是把买卖做好。国家的事儿，肉食者谋之。古人都讲了，庙堂之上的事儿皇上管，我们老百姓的事儿，自己管。所以我提出来“匹夫兴亡，天下有责”，就是说，我自己能不能吃好饭，谁来领导我，谁负责。而不是说我是个老百姓，我吃不上饭，还要让我负责大家吃饭的事儿。

实际上应该是“匹夫兴亡，天下有责”，政府担任公共管理责任，把政府的事务做好，保证每个人吃得上饭、看得起病、上得起学、买得起房、结得起婚，这是政府的事儿。在这个时代，我们的事儿就是择业、敬业，过好生活，实现个人理想，发展个人个性，这是这个时代的理想。理想这词儿在变小，但是心里的路却在变远。

理想的意义

还有一点很有意思，当人有了方向感以后，人会快乐，生活会变得简单，可以避免很多生活中的纠结。

比如，钱对我们来说很重要，但是我们的一生最苦恼的有三件事情算不准。第一算不准今后你要赚多少钱；第二算不准有多少幸福和痛苦；第三算不准什么时候、以什么方式离开这个世界。所以当我们碰到大量金钱问题的时候，我们就很纠结，但是你如果有清晰的价值观、方向感，你算起账来就会非常简单，也会活得很痛快。

举个例子说，我的好朋友王石，大家知道万科现在是全球最大的住宅公司，曾经有一段时间比较流行MBO，就是经理人收购公司，很多人都劝他："我借给你钱，你来收购。"王石想了一段时间就拒绝了，说他不做，当时公司很多人都反对他拒绝。后来我们问他为什么，他讲了一个道理，他说："我的理想是办一个令人尊敬的好公司，但是如果我实行MBO，我自己又没钱，我借一个亿买了20%的股份，那我就成股东了，我接下来要想的事情就一定是把股价做高，然后把股票卖掉，赶快还钱。如果我这样做了，公司还怎么发展呢？如果我的理想就是要把公司办好，那我就不用考虑这些事情了。"

所以我们会发现王石的账不是就钱算钱的。正是这样的一个理想，使得他对企业发展的决策考虑得非常清楚，那么同学们可以看到，当他有了这个理想和信念的时候，他对事情的看法就随之改变了。一个有理

想、有信念的人，可以让一件复杂的事情变得非常简单。

我自己的例子也是，我也要算账，但是我只做三件事：第一看别人看不见的地方；第二算别人算不清的账；第三做别人不做的事情。同学们仔细看，什么人最快乐呢？有信仰的人最快乐，心里头有方向感的人最快乐。

理想就是一个方向感，就像在黑暗隧道里的那道光明，如果你失去了这道光明，你会恐惧、会死亡；而有了这道光明，你会行动、会前行，这就是理想在我们生命当中的意义。

当然，理想这件事情，也不能把它夸大到什么都能解决的地步。它是一个保健品，不是速效救心丸。所以理想是一个增加概率的运动，有理想的人和没理想的人相比，只不过是成功的概率高一点儿，快乐程度高一点儿，毅力强一点儿，走得远一点儿，心里头踏实一点儿，无非是这样。但不是说今天你二十岁，只要有了理想，到二十五岁时你房也有了，车也有了，媳妇也有了，什么都有了。

一切都应该是“追求理想，顺便赚钱”。真正有理想的人，是不怎么算钱的，我并不是说钱不重要。当我们的人生刚刚起步的时候，工资很重要，房子很重要，老婆很重要，但是，我们不要忘记，天下事了犹未了。

方向对了，速度才有意义

有很多事情，方向不对，结果就不了了之了；方向对了，解决了一个问题，就上了一个台阶。我想起昨天晚上我坐的飞机晚点，我不断地给我原来的五个合伙人打电话，想告诉他们我今天到这儿来。

当时我想起了什么事情呢？二十年前，我们这几个人一起离开了单位，决定到海南去。我们当时就像农民工一样，营业执照都是借钱拿到的。

拿到执照以后，我们就坐在海南某个花园的花坛上。大家光着膀子，穿个短裤，拿个破执照，就坐在那儿琢磨这个事儿干还是不干。我说必须要干，因为我们就是奔梦想去的。

我知道一谈理想难免要谈到现实。大家总是说“理想很丰满，现实很骨感”，我们永远都在讲理想，永远都不能够和理想拥抱在一起。我是这么看的，理想永远是从现实中孕育出来的，因为不满，所以有梦想；因为没有，所以才需要；因为弱小，所以想强大。

理想本身就是现实中太缺少的东西。如果你什么都有了，那就不叫现实了，所以我们总是想脱离现实是不对的。我们遇到一些问题的时候，应该跟理想之间怎么对话呢？理想只是告诉你要去哪里，怎么去是你自己的事；理想告诉你要娶一个好媳妇，但具体怎么娶你还得上节目。所以也可以这样简单地讲，现实是术的问题，理想是道的问题，就是说去哪儿，为什么要去那儿，这是理想回答的问题；怎么去，什么时间去，怎么到达，这是现实中要解决的问题。

我们有时候很希望能跟理想做一个交易，我昨天在和任志强聊天的时候也说到这个话题。理想是不能做交易的，你不能跟理想做买卖，理想是对未来的一种憧憬和惦记，但不是一个可以做交易的物件，所以你在现实当中可以学着感恩，你可以预想未来，但是你首先要面对现实中的每一件事情，并把它们解决好。

我们有理想，但不等于可以跟现实做交易，说我今天有理想，明天就变成了要什么有什么，那是不可能的。我们经常开玩笑说，我们最差的是爹不行，但是我们爱我们的爹，因为他们创造了我们，让我们今天有机会来这世上折腾。我们最牛的是什么事儿呢？我们识字，我们会读书，所以我们就把读书、学习和自我改造这件事加强。反正这事容易，不需要爹，自己就可以做到。

在现实通向未来的过程当中，每一天要面对的现实就是理想给了你方向，但不给你马上解决问题的办法，还是要靠大量学习和经验积累，这是我们一步步接近理想的唯一办法。我们永远都在讲理想，永远都不能够和理想拥抱在一起，我们总是差那么一点点，这就像我们心中有一个神、有一个佛，我们永远在修行。我们眼前的这个偶像从来没有改变，但是他改变的是我们的行为，方向是不变的。

只有自己可以成就自己

昨天任志强讲了一个故事。“文革”后期，他曾经因为经济问题被误抓了，关了一年半的时间。很多和他情况相同的人都在恐惧会被判死刑，甚至有的人自杀了。他所在的监狱里有七个共产党员，他和这七个人组成了党支部，在监狱里学习，学外语，把报纸上的那些英文广告撕下来每天念。你看有理想、有信念的人，他让一件事情变得多么简单。

另外，我们必须看到，真正能坚持理想的人毕竟是少数，多数人的理想被现实磨灭了，然后他们妥协了。就像我们十八岁的时候都在谈爱情，但三十岁的时候都在过日子，真正相信爱情的人其实很少，能够以爱情的方式活一辈子的人也很少。我们华人地区只有一个琼瑶阿姨真正是爱情的信徒，她用爱情滋润自己、养育自己，而且成就自己、丰富自己。

所以，我们也必须知道，当我们大家在一起讲理想的时候，犹如在爬山之前在山底下散步，这个时候每个人都信誓旦旦地说：“我要上山顶。”大家仔细看，走一会儿就剩下一半人了，再走一会儿就剩四分之一的人了，到了最后，就剩五六个人了，其他人都不知道跑哪儿去了。然后在半山腰上的人都在说风凉话：“上去干吗，上去你也得下来。”在底下的人说：“有这工夫，不如去看个电影，谈个恋爱，旅个游。”所有人都在给自己找理由，最后就剩下一个人上了山顶，而这个人告诉大家，我看见了很多风光，看见了很多风景。但大家仍不以为然，说照

片上也有，跟你说的一样，要不就说："我没上去，我不信这事。"

今天我们谈理想，也面临同样的困境。我跟你们讲很多关于理想的故事，你们将信将疑是正常的、是应该的，因为你们现在还在爬山的起点上。那么到了山上以后能看到什么，我们可以打一个赌，如果你们坚持走到半山腰，二十年以后，你回过头来，也和年轻人谈谈理想，也许你会谈得更好。

魏然（青年代表）：

我很想问冯总一个问题。我们知道冯总的公司在这几十年当中，经历过很多次转型，遇到很多关卡。您在这个过程当中，遇到了哪些现实问题？有哪些过不去的坎，跟您的理想是冲突的？刚才您演讲当中没有讲，希望您能给我们这些年轻创业者一点儿意见，好吗？

冯仑：

我们公司在1995年到1999年的时候，急于扩张，犯了很多错误。那个阶段公司几乎一直是负资产，我每天都面对着来讨债的人，其中有些很好的朋友指着鼻子骂我，甚至有人把我堵在包厢里面，要看我的信用卡，要到我家里查自然人的账。那个时候我就对自己说，一定要做好人。所谓做好人，就是我的一个理想。我们从一开始做企业，就想有益于社会，没想害别人，所以我们就把所有能给的都还给别人，到后来，我们赚到的钱都先还账，全部还完以后，就忍受着各种艰难。当所有困难都过去之后，因为我还在这儿，机会也还会回来。做企业如做人!

牟鹏民（青年代表）：

您认为理想一定要坚持，不管怎么样，一定不能放弃，一条道走到黑，才能爬到那个山上。但是您也说到，很多人放弃了他们原来的理想，比如您之前的理想是做一个老师，后来成了一个老板。那么这个是放弃理想吗？如果理想作了一个调整的话，这算是放弃吗？

冯仑：

理想和计划不同，计划属于追求理想过程中的一种安排，这个是可以变的。我说的理想，是对人生方向的一个把握。比如说你想要成为一个对社会有价值的人，这是理想，很抽象。但你干什么都可以有价值，当教师可以，当军人可以，端盘子也可以。理想是墙上的美人，现实是炕上的媳妇。你的本事就在于，把墙上的美人变成炕上的媳妇，能生儿子。这就是平衡操作，这样的过程是对每一个人的挑战，所以我们都不能放弃。

张荟（青年代表）：

我叫张荟，来自同济大学，今年刚刚硕士毕业，从事的是房地产行业。请问您一下，您觉得理想是奢侈品还是必需品？

冯仑：

我觉得人年轻的时候理想是必需品，但是我现在跟你们讲的时候，

你们认为理想是奢侈品。你们想想理想和伟大，哪个是原因哪个是结果。这就相当于你长这么高，是基因在起作用，而不是说你长高了以后，回过头来才探讨，你为什么长这么高。

王晓亚（青年代表）：

冯总，您好，我是来自清华大学的一名硕士研究生，其实现在的很多大学生都会面临各种各样的选择，非常迷茫，不知道自己要做什么。曾经觉得我们会有各种各样的机会，路会越走越宽，只要我们天天向上。但当我们接近大学毕业时，会突然发现，路是越走越窄的，因为我们被迫地去作很多选择。

冯仑：

实际上，你不用着急，这是一代人的事。你只要做到比同代人更优秀一点儿，二十年以后，大把的机会都是你的。比如说，你是清华学传媒的，到你四十岁的时候，可能所有重要岗位都是你们清华的。就像我们做房地产的，我们公司清华的人很多，现在北京房地产相关部门的主管都是清华的。他们现在就很容易，但是他们刚毕业的时候，也跟你一样困惑迷惘，这是一代人的成长，你要有耐心。这个事儿，谁也帮不了你，你得一天一天地熬。

卞雅雯（青年代表）：

我来自贫困家庭，四处碰壁，不知道以后应该做什么。我身边有很多朋友跟我一样的出身，您能否给我们一点儿建议？

冯仑：

其实人生都有苦难，关键看你用什么心情去对待它，你用悲悯和绝望的心情去待它，就只剩下死亡；你抱有希望憧憬着未来，你就会拥有希望。如果你是一粒尘埃，尘土附着你，上面的小石子却压倒你；如果你是一棵小苗，石头会挡住你；你是一棵小树，大石头会砸到你；如果你是超过了石头的树，风还会吹倒你。所以人生的选择，就是在不断地想办法怎么面对困难，同学们应该用乐观的心态去战胜困难。

坚持与放下

王石：

王石，他用二十年的时间带领万科成为中国房地产领军企业，却先后选择卖掉股份，辞任总经理。他两次登顶珠穆朗玛峰，征服四座八千米以上的雪山及七大洲最高峰，却自谦不是英雄。他年近六十却仍然坚持学无止境，选择远赴哈佛游学，克服哑巴英语，体验什么是“后进生”。他说：“意识到差距，所以来学习。”三十四年前，毕业于兰州铁道学院给排水专业的他，有一份稳定工作，却有着一颗不甘平庸的野性之心。如今，毕业三十四年，游学哈佛暑期归来的王石，带着对青年的热爱，与你分享他的多面人生。

这样的生活怎么会甘心

刚才主持人热情洋溢的介绍和同学们热烈的反应，好像让我也年轻了两岁。我想到了比你们还年轻的时候——四十五年前，十几岁的我也一直在想未来做些什么，那时候我受福尔摩斯侦探的影响，特别想当个侦探家。

实际上，中学毕业之后，我就开始当兵，后来当工人、当技术员、当机关干部，这样一直到了三十二岁。我当时是在广东的外贸部门工作，在别人看来这个职业非常好，但是我似乎已经看到了人生的终点在哪里。我当时的身份是副科长，如果我一步一步地走下去，可以当上科长、副处长、处长、副厅长。既然我已经看到了一生是怎么过的，甚至我都可以设想到我的追悼会是怎么开的了——想象一下，我躺在那里，别人是怎么来向我鞠躬致哀的，甚至他们脸上是什么表情，我都会想得清清楚楚，这样的生活怎么会甘心？

1983年，我决定到深圳去。实际上我对自己本身能做什么并不是很清楚，当时的我甚至对当个商人这件事十分讨厌，但是我还是想给自己一个选择，改变我的生活方式，所以我就这样去了。

一晃就到了1995年，我突然感到左腿剧痛，去医院一检查，医生非常清楚地说，我腰椎第四节和第五节之间有一个血管瘤，必须马上减少行动，最好是坐轮椅，否则我可能随时瘫痪。我当时脑袋一蒙，当然很快就镇静下来了，因为他宣布的不是死刑，只是瘫痪。我想罗斯福患小儿麻痹坐轮椅，照样不影响当总统，所以我就是坐轮椅，也不影响当董事长。但可能我原来的梦想就不大容易实现了。比如说我一直想去一趟西藏，去看看珠穆朗玛峰。所以我想，无论如何在瘫痪之前要去一趟西藏，要去看一下珠穆朗玛峰。

2003年我第一次登珠峰。到了珠峰，我拦着拖拉机坐拖拉机，拦着卡车坐卡车，也有和牦牛坐一块儿的时候，它屁股对着我就是一泡屎。在珠峰待了两个晚上，遇到两个登山者。一位是朝鲜族的，叫金俊喜。金俊喜有个特别的经历，在20世纪80年代末的时候，他曾经是中日联合登山队登梅里雪山的唯一一个幸存者，那次十七个人遇难。我很好奇，问的第一个问题就是："经历过那么大的山难，你怎么还登山呢？"他很淡定地告诉我："登山是我的职业，我不登山能干什么？"他的这句话说得很平淡，但对我震动很大。我记得在登顶下撤的途中，在八千八百米的位置上，天气非常不好，阴天，刮着风下着雪。我就感到我的后脑勺发热，好像太阳照着，我本能地回头。不可能有太阳，阴天，刮着风下着雪。再走就觉得脸和耳朵发热，感觉自己开始懒洋洋的，特别想坐下来。可是却有另外一个声音跟我说："你不能坐下来，你要坐下来就起不来了。"差不多持续了半个小时，那种幻觉才消失。

那时候我就在想，如果能活着回去，我绝不再返回喜马拉雅山，如果再返回来我就是王八蛋。我到山脚下和医生谈这种感受的时候，医生说我那是一种濒临死亡的感觉。

他这样一讲我就明白了，因为在八千米以上的山峰上，只有两种废弃物：一种是空氧气瓶，另一种就是遇难者的尸体。人在死亡那个瞬间的状态应该是什么样？现在医学上没法确认，但是在一些关于这种心理学的调查中有很多描述，就是很美妙，好像进入天堂一样。当然了，就算进入天堂很美妙，你愿意进入吗？我相信许多人都不愿意进入，哪怕受折磨、受苦难，我还是愿意留在这个世界上。我记得乔布斯在斯坦福大学毕业典礼上的演讲中有一段很经典的发言，就是如何面对死亡。

我们知道我们会死，我们有很多事情都不能证实，但最起码我们觉得我们会死这一条，有一天一定会被证实是真理。所以在你死亡之前，如何度过你的一生，如何得到你心灵追求的东西都已不再重要。当你面对死亡的时候，你已经赤裸裸了，你还有什么放不下的呢？你要考虑的是如何听心灵的召唤，做你想做的事情。实际上我想在这里讲，坚持也好，放下也好，你希望的是什么呢？你希望做自己想做的事情。实际上我们不可能随心所欲，所谓想做的事情，无非是两点：第一点就是如何丰富自己的生命体验；第二点就是能自由地表达自己的思想。人的一生如果能做到这两点，已经非常好了。

问道哈佛

你尝试着一个山头一个山头地克服，最终到了顶峰，这个过程使得你的身体、你的心理承受能力比原来更强，体力也越来越好，而不是因为你体魄强壮才去登山的。我记得有句话叫作“胜利往往存在于再努力一下的坚持之后”。我和很多人最大的不同不在于我比他们聪明，也不在于我比他们更幸运，而是我有认准一个目标就必须坚持下去的品质。

2010年，我再次到了珠穆朗玛峰，这次是到珠峰的南坡。按照我的想法，我一生要三次登顶珠峰，2003年是第一次，2010年是第二次，我想我第三次登顶最好是在2021年的时候。但是当我到哈佛之后，我才意识到，哈佛是我的又一个珠峰。和前两次登珠峰完全不同的是，这座山峰没有物理高度，而是心理和精神上的。

我去哈佛学习，很多人都很好奇王石到哈佛去干什么。他们经常问这两个问题：第一，你到那儿带翻译吗？他们觉得我肯定是要带翻译的。第二，你上的是老年大学吧？

去哈佛的第一个学期我就觉得脑袋很累，累得以至晚上睡不着，开始失眠。我到深圳创业这二十多年，睡眠一直非常好。基本上只要躺在床上不到二十秒就睡着了，但是到了哈佛，第一学期我就开始失眠。整个脑袋乱哄哄的，一片空白。每天做作业就做到凌晨两点钟，第二天早上八点半上课，至少八点钟要起床。半夜睡不着，我总在想一个问题：到底值不值得？

曾经几次想打退堂鼓，但最后还是坚持了下去。第二天太阳升起，照样学习。实际上这回去哈佛，很多朋友一见面就是猛夸，“太佩服你了”，“太”字拉得好长。我说：“你表扬我还是骂我呢？”我说那不就是先过一个语言关吗，有那么难吗？这样表扬我，无非就是想说，你王石要过语言关是不可能的。但是我过了，所以人家才太佩服我了。我这样的身份确实有点儿小小的不同，因为我算是一个中国的著名企业家、上市公司的老总，年纪又过了六十岁，我到那儿学英文去，能不能拉下脸，能不能放下面子、放下虚荣呢？

我有这个思想准备，第一天报到，人家还以为是哪个学生的爸爸来了，说怎么来了一个老头。你知道那边教学是互动的，十几个学生，两人一组。一组单词就互相比画，中国字我都记不清了，何况外国字，还要记住，还要比画着说，我第一次体会到什么叫后进生。

但第一学期快过完的时候，我特别得意。因为我是和最大年纪不超过三十五岁，小的只有十五六岁的一群小孩儿混，虽然是后进生，但是我跟上了，我没留级。就是在中国，我把自己放在没有秘书、没有司机、没有合作单位接待的环境里，也会是半个残废，更何况是在这样一个外国的环境里。我到那儿，既没带司机，也没带秘书，更没带翻译，我要从头开始。

突然很有钱，是一件很危险的事

1988年，万科进行股份化改造，募得了两千八百万元。加上原来的一千三百万元，就形成四千一百万元这样一个公司规模。当时我就声明，放弃分到我名下的股权。放弃股权基于这几个方面的考虑：第一，我觉得这是我自信心的体现，我相信凭我的能力，我不一定控股，也能管理好它。第二，在20世纪80年代，你突然很有钱，是一件很危险的事情。我们知道，中国传统文化里面，就有“不患寡而患不均”的说法。大家都可以穷，但是你不能突然很有钱。所以当名和利同时出现的时候，你只能选一个。我的本事不大，只能选一头，我就选择了名，这是我想放弃财富的原因。事实上，如果我突然有了很多钱，我也不知道应该如何去处理。有一次老家修族谱，我翻看了一下，上溯二十多代，祖上都是农民，大部分还都是贫农，最好的时候是中农。

1990年，我四十八岁，突然作了一个决定，我要辞去总经理职务，只担任董事长一职。万科能不能走向西方意义上的现代企业道路，首先要减少创业家、创业者这种权威人物在企业中的影响力，这是我辞去总经理职务时很重要的一个考虑，让万科制度化、团队化、透明化，这是我的理想。我在的时候，企业经营得很好；我不在的时候，企业经营得还是非常好，这才是我的成功。我记得很清楚，辞去总经理职务的时候，心态非常平衡，我在辞职演讲中说：我给万科带来了什么？第一，我选择了行业，让万科在多元化到专业化这条道路中选择了房地产；第二，建立了一个制度，现代企业制度；第三，培养了一个团队；第四，树立了这个品牌，我认为自己给万科带来了这四样东西。

辞去总经理职务的第二天，我照样来上班，一切都很平常。我往办公室里一坐，突然感觉有点儿异常，整个氛围都特别冷清。我问秘书人

都干吗去了，秘书说他们正在开总经理办公会。

我的第一个反应是开总经理办公会怎么不叫我呢，这话还没出口，我脑子里反应过来了，我今天已经不是总经理了。一个掌握着权力、发号施令的人突然闲了下来，突然没有了决定权，那是非常非常难受的。我突然理解了为什么一些老干部，在退休之后的两三年里很容易得癌症，很容易心肌梗死。我理解他们那种状态，突然从权力的顶峰下来之后，没有了决定权，他们的状态很容易崩溃。那我应该怎么去调整呢？我决定去登山，实现自己少年时探险家的梦想。

正因为不确定，你才有机会

我计划在哈佛完成学业之后，在伦敦待一年，在耶路撒冷待一年，在伊斯坦布尔再待一年……现在看来，要五年半到六年的时间，然后开始环球航海一圈。当我六十岁到七十岁的时候，我还要到大学去教书。我不知道我的人生到底在追求什么，到现在我都不知道。但我认为这已经不重要了，因为我在不断地去经历，这种经历我能够看到。它不是随心所欲地放纵自己，而是坚持着我的目标。

可能你们会感叹，现在全球都不稳定，担心没有机会。我这里想说的是，正是因为有了这样的不确定，你才有了机会。如果什么都确定了，什么都非常非常稳定，你要想发展，你要想出人头地非常困难。在你不确定的时候，你就好好学习，学习多少知识都不为过。这是我想告诉同学们的。

撒贝宁:

其实我觉得您刚才说到这个放下，可能是指一种心态。如果现在您天天睡觉前、醒来后，还想的是万科能挣多少钱，我王石个人能挣多少钱，那可能就没放下。现在所谓的放下并不是说您一分钱都不要了，而是说这个东西对于您的生命来讲已经不重要了。接下来我问您一个问题，这个问题稍微有一点儿尖锐，可能也涉及个人隐私，传说哈佛学生有一个传统，期末考试前会在午夜集体裸奔，您参加了吗?

王石:

准确地说，只有部分哈佛学生裸奔，而且主要是以本科生为主。我没有参加过，但去年12月的裸奔，我去旁观了。

没有发正式通知，活动零点开始，我们提前十五分钟进校园。有一种狂欢节的感觉。你能看到哈佛很有名的管乐队，乐队指挥就站在两米高的台上，他下身穿着大裤衩，上身穿着演奏服。演奏员要不就是穿裙子，要不就是穿大裤衩，他们随时准备着开始裸奔。人群慢慢开始聚集，大部分人都穿着大衣，实际里面都光着身子，站在管乐队附近等着零点的到来。一到零点，青年男女哗地脱了衣服，立刻往前奔跑，围观的人也开始跟着跑起来。你能感觉到青春的活力与奔放，一种对传统社会的反叛，一种彻底的释放，一股洪流就这样前进着。

邵平（青年代表）：

您在哈佛学习的时候压力大吗？跟做企业的压力有什么区别？

王石：

这是两种完全不同的压力。因为创业的时候，作为一个企业家，有生死存亡的焦虑，但是也有进退。在学校是不一样的，六十岁才去过语言关，临时请了一个刚毕业的留学生来给我做笔记，当然他是用英文记的。我往那儿一坐，一句都听不懂，回去看到笔记才知道今天的课讲了什么。这样熬了两个月，到第二个月，我自己开始慢慢地猜他在讲什么，开始自己记笔记。记完之后下课了，再用一个半小时和他对话，吭吭哧哧地讲，我今天听到了什么，明白了什么。他就告诉我，哎呀，你理解错了，不是这样的。从某种角度上来讲，这更像我的第二次人生体验。我两次登顶珠峰都没有说自己有第二次人生的体验，这次到哈佛之后我才觉得我的确是有的。

付成然（青年代表）：

在您二十多岁的时候，您有没有听过哪一位演讲者曾经说过一段话，给您的感触很深？您有过这样的经历吗？

王石：

记得我到深圳的时候，我曾经把两位名人讲演的两段话贴到办公桌上。我还记得很清楚，是两位美国人，一位是肯尼迪总统，一位是巴顿将军。肯尼迪总统在他的就职演说中说，不要问社会能为你做什么，而

要问你为社会做了什么。我非常欣赏他这段话。巴顿将军说，评价一个人是否成功的标准不是他站在顶峰的时候，而是他从顶峰跌到低谷时候的反弹力。我非常欣赏巴顿将军这些话。实际上就我的人生经历而言，我怎么都没想到2008年的事对我来说是非常大的一个打击。一个捐款门，弄得我狼狈不堪。

第一，我感谢网民对我的唾骂。因为他们让我知道在互联网时代我是谁，怎么来重新调整自己的心态，适应这样一个网络时代。第二，这是我了解社会和跟年轻人对接的一个非常好的平台。什么叫公共人物？公共人物就是公共汽车，乘客坐上去感到很舒服就表扬你两句，坐得不舒服了吐口痰，你就得承受着。所以2008年让我认识到了这个社会的现状。而且我现在回忆一下，确实当时的我比较嚣张。因为我觉得我是在做正确的事情，说话根本不在乎别人的感受，不在乎什么场合。我记得我那时候说过：我怎么到了这个年纪还像个青涩的苹果呢，不成熟。

吴遥（青年代表）：

我大学毕业就开始创业，一年了，走得很艰难。我相信王先生在万科的二十八年当中，也肯定遇到过很多问题，也有迷茫的时候。我想知道您年轻的时候是怎么面对这些问题的？

王石：

1983年，我创业的前半年非常难。但是和你们现在的年轻人不一样，在我们那个没有选择的年代，到深圳创业是我人生中作的第一个自主选择，再难我也不会后悔，即使最后头破血流，我依然非常珍惜。并且，我想引用乔布斯的一句话，就是你内心的召唤是什么，最后能成功的都是少数人，但至少你是按照你心里的呼唤，做你想做的事情，那种经历非常值得。

吴遥（青年代表）：

您现在这个身份和地位已经很不凡了。您已经六十一岁了，我想知道如果我们互换，六十一岁的王先生换成我现在的二十四岁，那您会是怎样的心态呢？

王石：

年轻的时候，我对企业不感兴趣，对做生意也不感兴趣。

我记得万科总经理郁亮曾在私下跟我说："董事长，你不喜欢就不喜欢吧，但是你不要公开说啊，因为你公开说不喜欢，我们怎么教育团队要喜欢、要热爱这个行业呢？"但今天站到这里，我要告诉同学们，我非常喜欢房地产，因为它牵涉到城市建设、城市规划，造福于消费者，造福于人民。我突然发现我在从事着一个有价值的、崇高的职业。也许有一天，你也会突然由衷地喜欢上你原来根本不喜欢的东西。

对于刚毕业的大学生，我劝告大家不要一毕业就急于找到一个容易发财、与自己终身相伴的职业。当你不确定的时候，就把现在的工作做好，尽管工资、待遇可能并不遂心，但我劝大家坚持一下。

郑丹（青年代表）：

我是一个正在从事房地产销售的销售员，每天工作的时间很长，从早晨八点半到晚上十一二点，甚至凌晨一两点都有可能。家里人比较反对，但这是我非常喜欢的一个工作。我想问一个问题，您是建议我继续留在这边做，还是换一份工作？

王石：

年轻人就应该能拼，拼体力、拼青春、拼时间。必须得拼，你不拼不行，爱拼才能赢。人生当中一定要保持一种对自我的不满足，保持一种好奇心，保持一种对未来的期许。专心聆听自己内心的呼唤，跟随自己内心的选择，我觉得非常难得。

田一希（青年代表）：

对您这样一位非常优秀和成功的企业家来说，支撑着您一路走到现在的精神支柱是什么？

王石：

首先，我小的时候总想与众不同，不想做一个平平常常的人，我想每个人都有这样的想法。其次，好奇心很重要。很多人到中年之后好奇心就都被磨掉了，但一路走来我一直都拥有好奇心，这很难得。最后，对自己的现状不满足。可能直到生命的最后一刻我也不会满足，依然在不停地尝试新东西。

我记得有一次安藤忠雄创作了一个作品，就是一间房子，长房子。一进去什么都看不到，我进去摸了一圈就找到了门，摸出来了。当时我在日本，日语又不通，他的意思是说我还得原路返回去，我又返回去继续摸，渐渐跟上了前面的人。我发现他们互相之间是能看到对方的，但我看不到。再过了半天，我才慢慢适应，我看到人了。这个道理是什么呢？你在适应之前是恐惧的，什么都不知道，这时摸索就非常必要。如果没有摸索的耐心，后来的结果你是看不到的。

人生就是这样。你不是很确定，你觉得困惑，这些都是正常的。我做这个做那个，始终不满足，那么我到底满足了什么呢？到底是什么支撑我往前走呢？我不清楚，但是最起码我有好奇心。

撒贝宁:

其实，支撑我们到达目的地的东西，就是“坚持”这两个字。当你遇到黑暗的时候，你是坐在地上哭等有人来救你，还是选择在恐惧中继续摸索着往前走？可能坚持下来的人，都能站在台上给别人讲述自己的成功，而没坚持下来的，可能今天就没有办法分享这种坚持的快乐了。这就是王石先生的心路历程。

龚韵霁（青年代表）:

您之前选择哈佛游学，初衷是想隐退，但是这件事反而把您推到媒体的聚焦之下，反而让大众的视线更加关注您，您怎么看待这个问题？很多人会怀疑这是不是一个刻意的自我营销，一个企业品牌的营销，或

VOICE
开讲啦
VOICE

者是一个社会价值的体现。

王石：

我从来没说我要低调，我只说人生是一个抛物线。我现在已经过了抛物线的下行线，实际上我已经有两年没站在这样的聚光灯下了，想把更多机会留给年轻人。这是个资源分配的问题。比如说去年的《财富》杂志评选了中国的二十五个有影响力的财经人物。第一个是任正非，第二个是柳传志，第三个是张瑞敏，第四个就是郁亮。没有我，但我却非常开心，因为前三位全是第一线的创业大佬，而第四位是郁亮。这是我很乐见的。我想在这里讲，坚持也好，放下也好，你希望的是什么呢？你希望的是做自己想做的事情。

撒贝宁：

假设有一天，随着市场的变化，或者政策的变化等，万科走进了一个极为艰难的困境当中，若没有有效调整，就会导致严重后果，这时候您会回去出手帮助吗？比如大家跟你说：王老板，您回来吧。

王石：

不会，那是自然规律。从自然规律来讲，再优秀的公司，再好的东西，有一天也要消失，只是一个时间长短问题。时至今日，除了宗教之外，全球还没有能延续至千年以上的东西。做一个企业，很多人希望成为百年老店，实际上我觉得那只是一个结果，绝对不是百年老店在它十年、二十年的时候就规划好了的。如果非要把一个结果变成一个目标，那是带有相当偶然性的。假定你的作用非常有限，假定你的企业能量有限，这两个假定成立之后，还是该怎么着就怎么着吧。

撒贝宁:

我特别希望王石先生今天所讲的这一切能够成为年轻人可以拿来分享的、有所感悟的东西，哪怕一句半句。所以我想告诉大家，甭管是坚持也好，放下也好，无非是人生不同阶段的选择。而且选择来选择去，不应该是别人选择你，而应该是你选择自己。命运掌握在自己手里，未来掌握在你们手中。

杨利伟：与责任对话

他是中国第一位进入太空的航天员，“神五”飞天使他成为亿万国人心中的航天英雄。儿时的他却和大多数少年一样性格内向，缺少胆量。历时八年过关斩将，他终于实现了二十一小时二十三分的太空漫步。他说实现中华民族千年飞天梦想是神圣的使命。九年过后，头顶英雄光环的他却从未懈怠。他梦想挑战世界最老的航天员，希望七十七岁仍能翱翔天际。二十五年前毕业于空军第八飞行学院的他，终于实现儿时的梦想，飞向了太空。如今，毕业二十五年，他仍然奋战在航天事业第一线。

为梦想做过的傻事

站在这个台上，说心里话心里还是蛮紧张的。很多人都会想，当航天员还会紧张吗？这么大一个空间，对于我的返回舱来讲确实太大了，不习惯。但我非常珍惜今天这个交流的机会，看到大家这么阳光、这么年轻的脸庞，我非常受感动，也非常受激励。2003年10月15日，我去飞行的时候，也许你们还在上小学。那时候，我儿子上小学三年级，我记得他在屏幕上问了我一个问题："爸爸，你在太空当中看到了什么？"我说："我看到我们美丽的家了。"

我从心底喜欢跟年轻人在一起，我总说年轻人就是一团火，就是满天的星星。我听说前面有几位老师跟大家分享了理想、坚持、青春、人生规划，等等。那么我今天想跟大家聊一聊梦想和成长过程当中的这份责任。因为我觉得，对于每一个人的梦想追求，责任都是特别重要的。特别是在座的各位，面临着走进社会，去担当起一个年轻人的社会责任。

“责任”二字，看起来简单，但是这两个字将会伴随着我们的一生，伴随着我们追求梦想，伴随着我们成长的每一个阶段。我们经常讲在追求梦想中去认识我们的责任，我觉得认识我们的责任之前必须先认识和理解我们的工作。没有真正地理解你的工作和生活，是没有办法去理解责任的。

此时此刻，看着你们年轻的模样，我不禁想起了我儿时的梦想。那时候，我们的生活并不像现在有电视、网络、手机这些信息传播途径。我们最喜欢的是看电影和小人书，我特别喜欢看电影，有一部电影叫《铁道游击队》，我特别羡慕电影里能够去飞车的游击队员，那是儿时的一种英雄情结。我曾经为这个梦想做过一件傻事，和几个小朋友悄悄跑到火车站，爬到火车上，等着火车开动的一瞬间就跳下去，来模仿电影里的游击队员。

那时候，我的梦想是当一个火车司机。这是我记忆里特别深刻的一个梦想，当然后来没有实现。读中学的时候，有了一个新的梦想：飞上蓝天。那时候我家附近有一个军用机场，几乎每天我都能看到祖国的战鹰在蓝天上翱翔。我的很多同学都来自部队大院，他们的父亲就是飞行员，所以我经常跟着他们混进机场里面。每次在跑道上看见手里提着飞行帽、腰上别着枪的飞行员，都特别激动，他们的英姿给我留下了非常深刻的印象。从那以后，我开始一心想当一个飞行员，经常跑到机场里，到飞行员训练的旋梯滚轮上玩。

高中毕业时，正好赶上招收飞行员，我想都没想就报考了飞行学院。经过一番艰苦的选拔，终于如愿以偿。我加入了部队，成为一名军人，开始了我的飞行员训练。在这个过程中，我开始慢慢理解了作为一个飞行员的责任，对社会、对人民的责任。

1992年，我在新疆飞行的时候，遇到了一个特殊情况。我的飞机在超低空飞行的时候，遇到了空中停车。空中停车和地面完全不一样，在地面，汽车出了问题，把车停在路边就行了；在空中，我们不能把飞机停在空中然后自己下来。作为一个飞行员，我们不能只想到自己的安危，必须想到自己的任务和飞机。这是作为一个军人的责任，也是一个职业的责任。

后来，我成了一名航天员，我必须背负起更大的责任。当我进入航天员大队的那一刻，我深深地感觉到，这不只是我一个人的梦想，而是一个国家、一个民族的梦想。这是民族的飞天梦想，也是我必须背起的重大责任。

魔鬼式训练

我记得在大队成立的时候，包括我在内的十四名航天员在国旗下宣誓，为了祖国的航天事业，我们要贡献我们的一切，包括我们的生活，我们的家庭。我们在国旗上签下了自己的名字，这是对祖国的承诺，也是我们的责任。进入我们大队的门口，一眼就能看到这样的字样：祖国的利益高于一切。

中学时，我的梦想是飞天，当一名战斗员，这是我儿时的一种英雄情结，也是我对一个男子汉的理解，而不是对责任的理解。选拔飞行员那天我迟到了，领导点到我名的时候，我刚好跑进教室，急忙喊“到”。领导开玩笑地说，你踩着电门就进来了。我把这句话记住了，到北京进行选拔的时候，提前三天到了北京。很多人问我为什么这么积极，我觉得领导那句话让我有了新的理解，使我逐步地成熟了。

我出身于一个教师家庭，母亲从事教育事业三十多年，希望我努力学习、考大学、参加工作，这是传统的生活方式。当时我报考飞行员的时候，并没有和家人商量，一个人偷偷报名参加选拔。回家的时候戴着一副眼镜，因为检查眼底需要散瞳，散瞳之后需要一个星期时间瞳孔才能收回去，在这期间眼睛受不了阳光。回到家里的时候，母亲问我怎么回事，这时我才跟她坦白了。当时我母亲特别生气，把正在出差的父亲叫了回来，特地为我开了一个家庭会议。后来我父亲作了一个决定：还是要尊重孩子的意见。

八个班级选出了三个飞行员，当时在我们县里很轰动，毕竟一个县城走出几个飞行员是一件非常不容易的事情。县里的领导请我们吃饭，然后为我们送行。当时我们戴着大红花，特别激动。后来听说这件事还写进了县志，这是一件非常值得骄傲的事情。

刚加入航天员队伍的时候，我们经历了两年的选拔，一个非常艰难的考验。1996年，从空军飞行员里面进行档案选拔，选出了一千五百人，然后又从其中选出九百人，经过医院和疗养院的初检，从中选出九十人，在北京的临床体检之后只剩下四十人，航天员中心进行特殊因素检查选出二十人，家族史检查之后剩下十二人，加上两名教练员，我们十四人组成了航天员大队。

训练期间，我们有五十二门课，十三个门类。当时我已经三十二岁了，重新作为一名学生走进教室里，是一个特别艰苦的过程。在部队的时候，我已经是教员，带了很多批飞行员。在教室里实在不习惯，经常坐不住，犯困，只好一犯困就喝茶水，实在不行就自觉走到教室后面站着，经过一段时间之后才开始适应。选拔考试的时候，最后的五次考试，两次分别以99.5分和99.7分通过，其他三次以满分通过。我觉得这不是一种偶然。

航天员是一个充满风险的职业，航天员的训练是一种魔鬼式训练，毫不夸张。太空的环境是一个需要微重力的环境，不适合人类生存，如果我们要走进太空，必须经历魔鬼式的训练。我们进入太空的时候，需要火箭把我们推上去，在这个发射过程当中，还要承受速度给航天员带来的过载考验。我们在地面模拟失重的训练，在大型的离心机里面，利用旋转产生的离心力创造失重环境，这时候航天员需要承受的是几个G的加速度。在这种环境下进行操作训练，相当于把八倍的体重压到自己身上，非常艰苦。每次训练的时候，我们的脸都被拉得变形了，不由自主地流泪，非常大的一种负荷。我们还有一种卧床训练，为了模拟太空的微重力环境，要求航天员头朝下负六十度躺着，无论吃喝拉撒睡都保持着这个状态，多则几十天。

在训练的时候，航天员手上会拿着一个报警器，承受不住的时候可以按响报警器。十四年的训练，没有一个队员按响过报警器。这是我们对祖国、对社会、对人民的一种承诺，是这种责任激励着我们默默地承受所有的艰苦。

我们到发射场进行训练的时候，在酒泉卫星发射中心的烈士陵园看到了六百多位烈士的名字。他们为了这份责任献出了自己的生命，年龄最小的只有十七岁，平均年龄只有二十四岁。每次到发射场执行任务，我们都会到烈士陵园纪念他们。一份责任，几代人为之努力的事业，凝聚成了我们的航天精神。

当然，在承担航天员责任的时候，我们也享受着作为航天员的快乐。我曾经在我的一本书里这样描述航天员：有一种生活，当你没有经历的时候，就不知道它的艰辛；有一种艰辛，你没有尝试过，就不知道其中的快乐；有一种快乐，当你没有拥有的时候，就不会理解它的真谛。

蔚蓝色的地球

2003年10月15日，胡锦涛总书记到酒泉卫星发射中心为我送行。5点20分，总书记跟我说：“相信你会沉着、冷静、坚毅、果敢地完成这一神圣而光荣的任务。”我说：“请总书记和全国人民放心，我会努力工作，圆满完成这一光荣而神圣的任务。”记得我回头和总书记挥手告别的时候，在总书记眼里读出了很多东西，有激励也有担心，这个时候，在我心里边装的也是一份责任。当零号指挥员在倒数秒的时候，我很自然地给大家敬了军礼，因为我是个军人。当我敬礼的时候，我的耳机里也传来了大家的掌声。

火箭和飞船分离的时候，我能瞬间感觉到身体的失重，我能看到座舱里面所有束缚物体的带子全都飘了起来，就像大家在海底看到那些水草在飘动一样，非常奇妙的一种现象。当我把束缚带解开的时候，第一个动作就是迅速地飘到悬窗边，看一看外面。我从悬窗上看到了人类赖以生存一万多年的美丽家园，看到了蔚蓝色的地球，在我的脚下缓缓移动。飞船很快，以每秒7.8、7.9千米的速度飞行，围着地球转一圈只需要十分钟。在三百多千米高的太空，没有任何参照物，所以我看到的是地球在缓缓移动。

有一次，我在法国斯特拉斯堡参加一个国际空间大学的开学典礼，和他们进行交流的时候，讲述了这段感受。我说我们人类没有理由不为我们的生存环境去工作、去奋斗，没有理由不去热爱我们这片和平的环境，这是我们作为中国人的一份责任，对人类的一份责任。所以当我在太空里脱下手套的时候，我拿笔写下了这样一句话：为了人类的和平与进步，中国人来到太空了。

我们整个团队那么多年的艰辛，就是为了这一刻。同时也感谢我家人对我的支持和理解。我记得飞行到第七八圈的时候，地面通知我可以和家人通话了。我爱人问我上面的情况，我说：“感谢你的帮助

和鼓励。”

2001年，我爱人身体检查出了问题，每个月要住院十天进行治疗。我们航天员是封闭式管理，周一到周五不允许回家，包括对航天员的饮食等方面都有比较特殊的要求。当时我和爱人在一个院子里，但无法回家照顾她，每天必须在工作岗位接受训练。在考核选拔中，我以训练成绩第一名出线，必须感谢我爱人对我工作的支持和理解，这也是我一直非常内疚的一件事情。记得有一次我们的队员聂海胜回家探望因为脑出血瘫痪在床的母亲，他弟弟跟他说：“你放心工作，我们兄弟一人尽忠一人尽孝。”这是航天员的亲人为我们的航天事业作出的贡献。

训练期间，我们有两名教练员被派到俄罗斯，必须在两年内完成其他国家航天员四年训练的教程。航天飞行一旦出问题，必须在六个小时之内返回地球，并不能准确地返回预定区域，可能降落在海上，可能降落在沙漠里，也可能降落在丛林里，所以我们必须进行自我救护的生存训练。当时他们在北极零下五十多摄氏度的低温环境中进行生存训练，冰天雪地，三天三夜。在带着极少食物的情况下，他们坚持没吃，就为了带回国内让我们研究国外的航天食品，有利于我们的改进。

那一次的训练，让他们的体重减少了几千克，这是我们的队友为航天事业作出的贡献。从这两件事情来看，我觉得，责任不仅仅是来自自己的工作和梦想，还是对社会和国家的一种贡献。

你是什么，中国就是什么

我们要真正去理解自己从事的工作，理解我们与工作的关系，才能肩负我们的责任。但是，责任不存在伟大与渺小，不存在特殊与平常。

航天员的工作很特殊，但是我们肩负的责任与别人并没有任何区别。刚才主持人提到我们的时候，也认为我们是航天英雄，事实上我们并没有把自己当英雄看待。有更多的普通老百姓让我们感动，他们是我们的骄傲，美丽的清洁工、美丽的教师、在生命最后一刻还在保护人民生命安全的公交车司机，他们肩负的责任一样重大。

今天跟大家交流，我希望同学们能够从我们的交流中，有所借鉴。在我们的人生道路上，每一个人都会面对不同的机遇，会处在不同的成长环境中，也会走向不同的人生目标，但有一点是共同的，那就是每一个人都有一个梦想为之奋斗，都有一种精神为之支撑，都有自己肩负的责任。当我们能够把自己的责任、梦想和我们社会的发展、国家的富强联系到一起的时候，这是一种幸福。

我非常幸运，能够把我的梦想和我们民族的梦想进行重叠，能够从事一项产生不朽精神的事业，能够拥有一份对民族、对社会负起责任的事业，所以我感到非常骄傲。我想载人航天事业就是这样一项充满着光荣与梦想，充满着艰辛和责任的事业。

很多人问我，一个人在太空上会不会觉得孤独？我说，我并没有感觉到孤独，因为在执行任务的时候，有那么多人在支持和关注着我们的工作。当我们的飞船发射成功之后，我看到很多工程师、工作人员都流下了眼泪，很多白发苍苍的老专家为这份责任付出了几十年的努力。有一次，我们应用系统一个副总指挥给我讲了当年的一个故事：飞船发射到太空之后，我在认真地监视着视频，整个人就像定格在大屏幕上一样，现场指挥大厅顿时就安静了，首长、科学家、工程师、工作人员都非常紧张地看着大屏幕。3分20秒，当整流罩打开的时候，阳光从舷窗照到返回舱里，特别耀眼，我的眼睛眨了一下。这时候，大厅里有人喊了一声："你看，他还活着，他的眼睛在动。"然后大厅里所有的人都开始鼓掌。副总指挥跟我说完这个故事的时候，我非常感动，有那么多人在关心着我。

我记得我到了香港，跟香港市民互动的时候，一个市民突然给我提了一个问题："你在天上见到上帝了吗？"听到这句话之后，我突然间一愣，但是我马上回答他，我说："我见到上帝了，全国人民就是我心目中的上帝，他们始终和我在一起。"

每一次执行任务回来，党和国家都会给我们航天员很多荣誉，但我们没有哪一个人会把它看成是自己的荣誉，它是所有航天人的，也是一个国家和一个民族的。正是因为有了民族和国家的强盛，才会体现我们这种责任的价值。2004年，我给联合国送"神舟五号"搭载的联合国国旗时，当时的联合国秘书长安南接了我的旗子。那一天正好是联合国开例会，我记得安南秘书长说了这样一句话：今天对于世界上各个国家都是非常重要的一天。中国虽然不是第一个把联合国旗帜带到太空的国家，但中国是第一个在首次载人航天飞行过程当中，把联合国旗帜带到太空的国家。

我在纽约和华侨交流的时候，一个白发苍苍的老华侨拉着我的手，流着眼泪说："中国的飞船飞多高，我们海外华人华侨的头就会抬多高。"这句话再一次让我受到震动，作为一个中国人，当我们为一项伟大的事业去尽职责的时候，这种职责会凝聚成一种精神来激励大家，使我们的民族更加强盛。

前两天，一个朋友曾经给我推荐过两篇文章，其中一篇文章的后边，写着这样一句话：你站立在哪里，哪里就是你的中国；你怎么样，中国就会怎么样；你是什么，中国就是什么；你拥有光明，中国将不再黑暗。我看了之后也很受震动，我们每个人都把自己应该做的事情做好，责任感实际上有时候比能力来得更加重要。我们应该很庆幸我们能够生活在这样一个伟大的时代，当我们能够分享国家的繁荣富强给每一个中国人带来的骄傲和自豪时，我们应该勇于担当，带着责任去工作和生活，相信我们的人生就会充满无限美好的可能。

祖国和人民用智慧的双手把我们送入了太空，所以我认为人要有一种精神，这种精神来自我们肩负的责任，我们对待自己要有超越的精神，对待事业要有执着的精神，对待人民要有感恩的精神，对待祖国要有奉献的精神。我想在这里和青年人一起共勉，让我们带着这份责任，去工作、去生活，创造我们的未来。

撒贝宁：

谢谢观众朋友们，谢谢杨利伟。这一场演讲确实听得我们热血沸腾，我看现场很多观众眼眶都湿了，又把我们带回到了2003年10月15日那一天，我们所有人在电视荧屏上看到直播画面的时候，那种激动人心的状态。刚才杨利伟上来之后说了一句话，说跟他的返回舱相比，这个环境实在太大了，但是我特别想说，我们这个环境跟您去过的地方相比，那简直不算个地方，太小了。

实际上我们能够看到，在生活当中，一个航天英雄，尽管是一个英雄，但也是一个平凡而普通的人。尤其是在他讲这些故事的时候，你能感觉到那种活生生的气息扑面而来。其实杨利伟也不是从小就为航天事业而生的，我听说您小时候也喜欢打架，一帮男生在一块儿捣蛋、调皮，有过这样的事儿吗？

杨利伟：

我属于不是特别老实那一伙儿的。我们那会儿比现在的孩子幸福一点儿，比较自由，是属于散养的。

撒贝宁：

有一个观众写了一张字条，想问您一个问题，他说，您现在已经功成名就，那您是喜欢飞天之前的生活还是飞天之后的生活？

杨利伟：

我觉得，无论是做一件事情还是从事一项职业，过程更重要。我们每个人都有很多梦想，可能很多人为之奋斗一生的梦想最终都不会实现，但只要它有意义，只要它对你的人生有意义，对社会有意义，对国家有意义，这种过程就足够了。

撒贝宁：

如果有一天中国真的实施登月计划的话，您希望自己成为中国第一个登上月球的人吗？

杨利伟：

这是一个航天员梦寐以求的事情。我记得我在参加交流会的时候，很多国家的航天员都在那儿，大家都描述自己的愿望。我说，中华民族有一个非常美丽的传说——嫦娥奔月，我说假如我有机会，我希望能够到月球去看一看。我说完这句话的时候，日本的一个航天员向井千秋突然说：“嫦娥是女的。”我说：“当然，你别忘了还有吴刚。”虽然是开玩笑，但我想作为一个职业的航天飞行员，登上月球，是我们无限向往的。

杨俊涛（青年代表）：

杨利伟老师您好，我叫杨俊涛。我非常同意您的看法，这个社会需要对社会有担当的人。我是一个不甘平凡的人，希望能像您一样站在这个舞台上，能够得到鲜花和掌声。我的梦想更大，希望可以改变这个世界，让它变得更加美好。那杨利伟老师您对我这种野心是赞同还是否定呢？

杨利伟：

我希望年轻人能够有各种各样的想法，能够为世界的改变作贡献，能够去造福人类，我觉得挺好。同时我也想说，理想和梦想，还是不能脱离实际。比如说我想当飞行员，恰恰那个时候确实在招考飞行员。那么当我成了飞行员之后，我们又赶上了这么好的时代，它是一环扣着一环过来的。当然这里边的基础是你的想法，你的努力。当我们的这种冲动过去之后，反过头来再回想的时候，会发现我们当时所奋斗的目标，是没有脱离实际的。

撒贝宁：

梦想一定要有成为现实的基础，但是任何一个梦想都有不被打击和不被嘲笑的权利，前提是你要有实现梦想的准备和努力。

严晨风（青年代表）：

我已经结婚，有一个女儿。女儿出生之后第二天我就被派到境外工作，我回来的时候女儿都已经很大了。我觉得自己错过了很多东西，

开讲
VOIC

心里特别愧疚。我现在又需要离开家三年去读书，感觉自己很对不起家人。所以我想知道，您当初是怎么平衡心里愧疚感的？您又是如何去弥补自己对家庭的亏欠？

杨利伟：

作为一个航天员，首先他是个军人，军人就意味着奉献和牺牲。家人支持我们的工作，对我们而言却是一件特别惭愧的事情。“神五”飞天成功之后，我母亲上街去买菜，邻居看到她之后突然问了她一句：“你还来买菜啊？”我母亲没办法去说别的话，甚至后来我父母亲跑到农村老家躲起来，他们不想给我造成不好的影响。我从来不知道孩子的班主任是谁，从来没参加过他的家长会。爱人身体不好，但我也没有时间去照顾她。有一些东西我们无法弥补，比如我稍微有一点儿时间的时候，父母亲都已经离世了。

有时候我只能去想，哪个事情更重要一点儿。照顾家人是我的责任，祖国的飞天梦想也是责任。在国家面前，我只能选择牺牲家庭。

马力（青年代表）：

杨利伟老师您好，我是来自宁波诺丁汉大学的马力。刚才您多次提到了您的儿子。我感觉有一个这样英雄的父亲，是十分幸福的事情。我小时候也梦想自己的父亲是一个英雄，其实一个英雄的父亲很可能无法经常陪伴在孩子身边。在您看来，对于一个孩子的成长，有一个英雄的父亲更好，还是有一个时刻能陪伴在自己身边的父亲更好呢？

杨利伟：

这是一个很尖锐的问题。我想这么讲，就像你没法选择自己的父母一样，不是我们希望什么就会拥有什么。我想无论是有一个英雄的父亲，还是有一个能够天天陪伴自己的父亲，对孩子来讲同样都是幸福的。

社会上有各种各样不同的分工，今天的航天员可能是一种特殊行业，那么当我们的整个航天飞行变得越来越常态化的时候，有更多人会融入这个职业当中。我举个例子，二十年的载人航天，我们花了三百九十亿元。网络上很多人都在质疑，这值不值得？实际上，以后的收获会是现在投入的十倍。这是一个很漫长的过程，不像我们今天撒下种子，明天就会发芽一样。我们讲祖国的利益高于一切，它不是一句口号，这种利益是要服务于老百姓的，我们为这种利益尽责的时候，实际上是在为我们自己服务。所以我觉得，无论是英雄也好，还是天天陪伴着你的父亲也好，他们都在做同一件事情，在为我们老百姓服务。

撒贝宁：

这里有一个数字，可能在座的观众不是特别清楚。一个航天员飞到太空中，在他的背后，我们粗略地估计了一下，得有十万左右的工作人员。杨利伟的妻子也好，孩子也好，也是这十万人中的一分子。他们也深深地知道自己身上承担的这份责任，所以相互之间的信任、理解和支持，才是成就事业的基础。

何宇佳（青年代表）：

杨老师，我注意到您刚才演讲里面说过一句话，是说有一种生活你没有经历，你不知道其中的艰辛。我想把它反过来说，有一种生活我们没有经历，我们不知道它其实就是某些人的生活。我提议大家用最热烈的掌声再次感谢杨利伟老师，感谢航天员们。我的问题是，您成为我国飞天的第一人，成为了站在台前接受荣誉的那朵红花。您背后还有七名航天员，他们还没有上天，是您背后的绿叶。您觉得作为年轻人，应该怎样处理这样一种红花与绿叶的关系？或者说我们来怎么调整自己的心态，正确地接受和对待这件事情？

杨利伟：

作为一个年轻人，我们要有追求，要有争先的精神，这是需要我们做的。当我们去面对这一切的时候，并不一定说你是红花就体现了你的价值。刚才撒老师在讲我们的一个航天员去飞行的时候，后面有三千家单位参与这项工作，我们这个火箭上有十万个电子元件，哪一个电子元件出了问题都会带来灾难性的后果，不能说哪个是最关键的。我在飞行的时候，伺服机构出了问题，就是因为一个电子元件，使它卡到了一个地方。好在当时整个状态很好，要不然我真是回不来了。我们都说缺一不可，没有所谓的红花和绿叶的关系。

撒贝宁:

所以有的时候事情得辩证地想，尽管承载着巨大的荣耀，但是在飞船起飞的那一瞬间，包括整个飞行的过程中，最大的危险是他一个人在承受，这一切可能都是一种平衡、一种公平。

孙雨滕（青年代表）:

我比较好奇的是杨老师的儿子，也是即将步入高三，可能只跟我就相差一岁，我们都是“90后”。您作为一位父亲，对于“90后”有怎样的期待呢?

杨利伟:

我跟他交流的时候，我说，做好你自己就行了。可能我从事的航天工作这么多年来为大家所关注，这是为了我们的国家、我们的民族。但这个职业和别的职业相比并没有任何不同，我们所做的都是为人民服务。

“90后”这一代人非常优秀，重要的是，做好你们自己。

撒贝宁:

其实我想最后这段话不仅仅说给所有“90后”，同时也说给直到今天为止，仍然在不同的岗位上为这个社会、为这个国家作着贡献的人们，他们何尝不是英雄?所以今天我们站在这里，听一个英雄表达了无数英雄共同的心声。

我刚才一直在想，我应该用什么话来作为今天的结束语。想来想去，我觉得没有任何一段话能够比这样一句话更准确：有一种生活，当你没有经历的时候，你不知道它的艰辛；有一种艰辛，当你没有体会的时候，你不知道它的快乐；有一种快乐，当你没有拥有的时候，你不会了解它的真谛。那就让我们一起去经历、去体会、去拥有。感谢杨利伟带给我们的精彩演讲。谢谢!

我向世界说明中国

赵启正：

他是从容不迫、百问不倒的中国政府前新闻发言人。他爱挑战、不讳言、直面尖锐提问。他是代表中国声音的中国形象大使，他向世界说明一个真实的魅力中国。他嗜书如命，坚持每天阅读书籍四小时以上，却谦称笨鸟先飞。他每一次的人生转型都能迅速进入角色，问及奥秘，他却总说纯属勤奋。四十九年前毕业于核物理专业的他，有感于国际关系发生的变故，投身于国防尖端技术研究第一线。

在逆境中成长

首先，祝贺你们即将结束大学的学习，走进新的学习阶段或者工作岗位。站在台上和你们交流，让我想起了我大学毕业的时候。

我大学毕业至今已经四十九年了。我1958年考大学，那时候的大学是五年制。听说现在全国有六百八十万名应届大学毕业生，是我那届毕业生的六十八倍，当时大概只有十万名。我们毕业的时候，周恩来同志给我们讲话，他说："你们是同龄人的百分之一，你们是非常幸运的，所以在毕业后，应当报答国家、报答人民。"

高考报志愿的时候，我填了四个学校：北京大学、清华大学、南开大学、南京大学。我父母都是大学物理教师，受他们的影响，我从小喜欢物理，物理考试成绩也比较好，所以四个学校报考的都是物理系。填了志愿之后，突然成立了中国科学技术大学核物理系，《人民日报》上刊登广告提倡有志于攀登科学高峰的同学报考中国科大。老师鼓励我们改志愿，我改了志愿，考上了。当时，科大核物理系在北京考区每七十名考生中录取一名。

我在科大学习了五年，1963年毕业。当时因为中苏关系破裂，苏联专家撤离中国，苏联科学技术援助我们的项目只好停止了。我被分配到原核工业部，做反应堆的物理研究和实验，代替苏联专家到第一线工作。到了西北地区，我们看到核工程基地几乎被沙漠淹没了，一片凄凉。我们的物理学家和刚毕业的物理系学生接替了苏联专家的工作，最后顺利完成了应用任务，为国家的国防工业作出了贡献。

这是一件非常值得骄傲的事情，同时让我懂得了要自力更生、奋发图强。当时我们国家的工业不发达，苏联专家带走了大部分仪器和实验方案，我们自主调研、自己设计实验内容，结果很成功，证明了中国人也能行。

工作十年之后，我被调到上海航天局，负责一项和物理有关的工作。我之前学的是核物理，转行到电子光学。当时很多人质疑我，觉得我是外行。我这半辈子换过很多不一样的工作，每次都能听到别人质疑我是外行。我十分感谢他们的质疑，是他们的质疑激励着我努力。

我到上海工作的时候，正好是“文化大革命”后期。当时在批《水浒传》、批宋江，认为宋江是投降派，影射我们党内的某些老同志是投降派。在上海图书馆，我发现关于宋江、《水浒传》的书都被借光了，科技类的图书几乎没有人借读，特别是科技类的英文杂志。我大量借读相关图书，在质疑声的鞭策下努力学习，很快从外行变成内行。我不仅完成了科研任务，还获得了科研专利。我的产品被送到国外鉴定，在美国、荷兰等国家都获得了非常高的评价，达到了当时这个产品的最高峰，也因此当了几次劳动模范。

“四人帮”被粉碎之后，国内一片欣欣向荣。我作为上海市的年轻高级知识分子，被选为市人大代表，接触了很多革命元老，也对国家的前途作了很多展望。国家在年轻人当中选拔出一批干部，我被调到上海市政府工作。我当过上海市常委组织部长、上海市副市长等职务，浦东新区开发之后，我成为浦东新区的主任，负责建设浦东新区。

当时浦东新区还没有这么多高楼大厦，宣布浦东开发的时候，外国报纸说这是“波将金村”。波将金是一个俄国贵族，他在圣彼得堡周围用木板搭了一个街道，给当时的俄国女皇看，夜里打着火把、坐着马车。女皇说：“你看这个村多好，这是一个假象。”有人说浦东就是“波将金村”。经过努力，结果比我们想象的还好，因为我们有邓小平同志的领导，有他的决心，有上海市委、市政府的努力，有北京各部委的支持，所以浦东建成了现在这个样子。

我因此得出了一个结论，全国的大方向对了，我们就能够创造奇迹。以前我们总是谦虚地说，浦东的建设只是一个小成就，但国外的朋友都认为这是奇迹。

开讲

向世界说明中国

以经济建设为中心，摸着石头过河，上海的建设取得了很好的成绩。接着，我被调到了国务院新闻办公室，也是对外宣传办公室。我的任务就是，向世界说明中国。为什么要向世界说明中国呢？因为中国以前不够开放，外国朋友并不了解中国的情况。他们是通过电影了解我们的，以为我们还拖着辫子，以为我们人人都会武功。

我最近到维也纳，步行经过金色大厅的时候，看到一个维也纳的青年拿着节目宣传折页，管我叫什么呢？“功夫、功夫。”在他们的概念里，中国人和功夫是一体的，除此以外对中国并不了解。我们在纽约办的《中国文化美国行》节目进行一周的时候，请电视台记者到纽约街头采访当地年轻人，问他们一个问题：“当你听到中国的时候，你想到了什么？”有人想到熊猫，有人想到长城，有人想到拖着长辫子的人，有人想到缠足。

他们确实对中国不了解。在纽约有一个42街，街上有很多小商店，我们进去后发现中国的和日本的是分开的。为什么呢？因为我们的服装粗糙。有时候店主居然拿着一块手表凑到中国人的面前，说：“What is cheap? 10 dollars.”他们觉得中国人没钱，把最便宜的手表介绍给我们，并且告诉我们那是便宜的。这件事情让我在很长一段时间里对美国人的印象都不好，直到对美国全面认识后才慢慢纠正过来。

在德国，我问一个出租车司机："你对中国有什么认识？"他说："我想那是一个很神秘的国家，除此以外就不知道了。"在政治上就更复杂了，在国外我见到一个研讨会，叫"十字路口的中国"，中国发展这么快，这还了得，再过二十年变成什么样子呢？可能变成一个强大的霸权国家。他们觉得中国混乱，文化也很混乱，没有统一的思想。也有人觉得我们的经济模式不好，很快就会衰落……他们对中国的了解实在不够。

因此我觉得我们应该向世界说明中国，说明中国的现状，说明中国的历史，说明中国的政策，更细致地说明我们的大学是怎么样的，学生是怎么过的，住什么样的房子，有什么困难，有什么成就。

所以我们设计了很多节目，做了很多事情，出版了外文书，建了外文网站。我们的外文网站有六十种，是国际广播电台CRI负责做的，他们很努力。我到西班牙访问的时候，国务秘书对我说："你们有西班牙文的杂志、网站，我们很感动，我们国家小，做不了中文网站。"接着他又说，"不过我们也不需要做外文网站，因为西班牙文有三十个国家正式使用，美国西班牙裔的人，比西班牙整个国家的人都多，所以我们的电影、报纸送到美国去不用翻译。"我就想到外国人对我们不理解也有文化的原因，中国话太难学了，中国字太难认了。

很多外国朋友没有学汉语，因为他们觉得没有必要，也因为我们暂时落后。希望别人了解我们，首先需要我们学习人家的高科技，学习人家各方面的发展，学习人家的经验。

现在，我们在国外已经建了三四百个孔子学院，都是应邀在他们大学里建立的。上个月美国忽然说中国老师的签证有问题，不可以在大学里讲课。可是当时我们来的时候是他们邀请的，老师被迫回国的话，孔子学院只能关闭。八十个美国大学都表示：孔子学院在我们大学，我们怎么能这样做事呢？美国人错得快，改得也快，七天后宣布上次的签证做粗糙了，还欢迎中国老师在他们那里做，签证问题再商量，把它更改一下就行了。为什么美国转变这么快呢？因为现在很多有远见的美国青年愿意学中文了，这是三十年前没有的事情。

和外国朋友聊中国

有的外国人见面，互相会问，“你的信仰是什么”？他们问的是宗教信仰，但是这个问题他们只会问好朋友，因为两人的宗教信仰不一致会很别扭。

我有一位美国朋友是宗教领袖，叫路易帕洛，他善于布道，善于演说。他在拉丁美洲一些小城市当众演说时，人们几乎倾城而出。他问我：“你知道《圣经》里有一个黄金律吗？要想别人如何对待你，你就要如何对待别人。”我说：“我知道。”他问：“你认为怎么样？”我说：“很好。”他说：“这是有信仰的人的一个原则。”他是基督徒，他的言外之意是，你们没有宗教信仰。

我觉得我需要说明，我说中国有一句古话：己所不欲，勿施于人。他兴奋地说：“这句话太好了，和我那句话异曲同工，谁说的？”我说：“孔夫子。”他说：“我听说过这个人，但是不知道他说过什么。”他又说，“你们的信仰是什么？”我说：“我们有另外一种信仰，叫文化信仰，你那种信仰叫宗教信仰。不同的是，你的信仰中有一个神，我们的信仰中没有神。”

他说：“没有神看着你，你怎么做呢？”我说：“有两种力量在约束我们：一个是周围人在看着你，己所不欲，勿施于人，你老反着做，己所不欲，老施于人，那你周围的眼光就会告诉你，众神（每个人都是神）发怒了，你就得改进，否则你的人缘就变差了，没人理你了。再一个就是良心，父母的教导、老师的教导，都得记着，己所不欲，勿施于人。”他觉得很能理解，他说：“你管这叫文化信仰，挺好。”我说：“文化信仰和宗教信仰的区别，就是宗教信仰会有差异，不同宗教有时候还不一致，有冲突；而文化信仰把神先请到边上来，信仰本身容易一致。”这样我就解释了中国多数人没有宗教信仰也是好人，也是有自己价值观的人的原因。我觉得我这样说，他们能够相信。

我认识一位德国驻中国大使，他对中国还是比较了解的，也是很有学问的人。他说：“你们总说你们是发展中国家，我们怎么想也想不通。”我说：“中国人有几件好的外衣，如北京、上海，华丽的外衣，或者说有北京奥运会，有上海世博会，但是你不知道我们里面这件衣服其实很旧，有的地方还有点儿脏，有点儿破，还有缝的补丁。你到全国走一走，就会发现不都是华丽的外衣。想要每一件衣服都华丽，还得几十年甚至上百年的时间。”他说：“你这么说我能理解，的确我们看到的都是比较漂亮的，可能有些还没有看到。”

我们有光辉灿烂的一面，也有发展不足的一面，这样在外国人面前，我们是一个很诚实的、朴实的中国，并不是一个虚张声势的中国。这位德国大使很赞成我的观点。所以我向世界说明中国，心里怎么想就怎么说。首先要说服自己，自己没说服，自己都觉得这是一个假故事，就不要对别人说了，那样说服不了人家。包括你们谈恋爱的时候，也不要老隐藏自己的不足，老穿华丽的外衣，旧衣服、T恤衫也可以穿，把真实的自己介绍给你的朋友，你们的感情才能巩固，才不会出现意外。

学习是一生的事情

我换过很多工作，几乎每四五年就换一个工作，不断当外行，然后在质疑的声音里努力变成内行。这个过程让我开阔了眼界，也让我对国家有更多领域的贡献。我大学毕业的时候，系主任给我们作报告，他说：“你们不要老盯着自己的专业，你们是无业游民，因为你们只是学了一点儿基础知识，五年的时间你们能学多少物理呢？所以，你们改行搞数学、化学都没有问题，只要你们努力就行。”

我当时也没想到我会去做一个行政或者政治官员。我们的老师也没有教我应该怎么做城市建设，这是时代教我的。所以，我建议大家在走向社会的时候，还要继续保持在大学的学习热情，学习是一生的事情。

开讲啦

有很多同学，高中时期学习很努力，到了大学就不努力了，或者大学毕业就再也不努力了。如果你毕业就不再学习，我觉得你的大学白上了。很多人没有上大学，但是很努力，自学成才。社会在发展，时代在前进，只有不断努力才能跟得上。

你们大学毕业了，这是学习的开始，绝不是学习的终止。现在世界上这么多学院，你们刚刚学会了学习，在走向生活第一步的时候，会遇到很多原来没想到的困难，会说这里工资怎么这么低，会说这里的领导不赏识你，会说这里的同事对你刻薄了……不要老抱怨环境，你到的那个环境，大多数是一个平均的环境，不是特别好或特别差，如果永远抱怨的话，你自己会失去青春、失去机会。即使你的工资低，即使你的领导不太英明、不赏识你，你也得努力，因为你抱怨之后浪费的是自己的时间。

2005年，我在复旦大学交流会上说过这样一句话：一个三十岁的人，如果他有四十岁的智慧，他的一生大体是成功了；一个三十岁的人如果只有二十岁的智慧，他可能不成功，但多数人是三十岁的时候有三十岁的智慧。这句话我也写在自己的书里，在网上也有很多人在传播。有一次在北京演讲完后，很多三十岁左右的青年跟我说："赵老师，看了您的那句话之后一夜没睡着，因为我正好三十岁，我在想我到底是不是有四十岁的智慧。我好像没有，怎么办呢？"我说："你现在知道还不晚。我的建议是：第一，要读好书，你每年能够选两本好书就很不错；第二，和智者多接触，因为他和你谈话的时候，他的经历、他的阅历，都可以在很短的时间告诉你，这样你就走了一些捷径；第三，你要善于思考，多问为什么，每到一个新的岗位，对于原岗位的一些规则，你要多问，可能会发现有些基本规则和基本说法已经过时或不适应了，这时候你可能就成为一个革新者了。”

我不鼓励大家总改行。如果你们是到大学当教授，你从事数学研究、物理研究，你老换来换去的不行，但视野可以稍微广一点儿。如果你是做管理工作或者做经济工作的，可以换一换，因为它对基本功的要求相对数学物理容易一些，但是它的多元性和多样性更多。一个工作岗位，最少做三四年，或者五年十年，如果顺手就干下去。你不可能第一次选择就很准，你可以换，但是你不要轻易地作出判断——我就是不适合，坚持一下再说。在改革开放初期，我们曾经做过统计，中国人的一生能换几次工作，比如你在工厂做了，忽然换到大学了，这叫换了一次，平均远远少于一次，多数人是从一而终的。美国人的一生，如果工作四十年，他可能换十五次、二十次，德国人换七次，所以毕业以后，我希望你们找一个合适的工作，但那个工作合适不合适，不要轻易地判断，不要轻易地听别人说，一定要自己去感觉、自己去适应，大家都说不合适你合适了，你就可能成为一个成功者，希望大家都能成功。

我毕业四十九年了，明年是第五十年，同学们说大家要聚会，大家要交流，那这五十年差异很大了，各走各的路，一定很有意思，也许还有一点儿伤感，但我一定要去。当然这是明年的事情，现在先祝大家毕业以后顺利、成功。我说这么多，留点儿时间跟大家对话，我才能有的放矢，大家想知道什么，我尽量回答。

撒贝宁：

感谢赵启正老师。您在演讲的过程中，同学们写了好多小字条，我们精选了一下，有一个同学写了这样一个问题，我觉得非常有意思。这个同学说，据他了解，您曾经有一次在机场和阿拉法特聊了七个小时，坊间还流传，您曾经连续跟一个人聊了三天三夜，您和朋友聊天最长能聊多久？

赵启正：

这个传说一半是真的，一半是误会。阿拉法特由河内飞往阿拉穆图，在上海加完油之后，由于大雾不能起飞了，他却坚决要起飞。我当时是上海市副市长，到机场相劝："阿拉法特同志，你不能起飞。"他说他不起飞，但条件是让我跟他聊天，直到起飞为止。结果我们连续聊了七个小时。谈三天三夜的不是我，是阿拉法特和他的部下，谈的是关于用土地换和平这个政策。

撒贝宁：

还有一个问题，今天的问题都很猛。当妈妈和女朋友同时掉到水里时，你先救谁？有很多类似这种两难的问题，比如一个女同志问你，"我本人漂亮还是照片上漂亮"，你会怎么回答？有的人就说"你在我身边的时候本人漂亮，当你不在我身边我见不到你的时候，照片漂亮"。

赵启正：

刚才这个问题我就不答了，因为这个问题各种场合出得太多了。类似这种问题，如果在新闻发布会的场合，怎样答都有利弊。我们一定要有取舍，取舍时要保留中国人的尊严，中国国家的立场要正确，但一定要实事求是。比如说去年有个外国记者问我："请问你们开一次政协大会花多少钱？"我真不知道，但是我心里大体有数，反正不到一个亿，也许是三四千万，但是我不能说。

如果我说三千万到一亿，这样太不负责任。我就说："我不知道，你把我问住了，我们想花的钱还是不少的。我可以让我们的秘书长负责计算这件事情，他的责任就是既把会开好又要尽量节省。我知道以后用E-mail通知你。"后来这个外国媒体评论，说赵启正说得很严密，果然是学者。后来我们请专门的同志，算了这几天花了多少钱，这也说明我们是有缺点的，怎么这时候才算呢？算完之后，我一想，我告诉这个外国记者也有问题，为什么不先告诉中国记者呢？先外国，后中国，这有失尊严。于是我让信息先上网，然后给他发E-mail："请查某某网站。"他很高兴。

易晶（青年代表）：

赵老师您好，我是北京大学新闻与传播学院即将毕业的研究生易晶。今年的政协发布会结束之后，有一个记者向您提问，让您给自己这四年的表现打一个分数，您非常巧妙地回避了这个问题，那现在我再次把这个问题抛给您，希望您给我一个非常精确的答案，您到底给自己打多少分？

赵启正：

我当时说自己打分不合理，你们才有资格给我打分，应该你们打这个社会科学的分，特别是新闻发布会，它是一个周围全是记者的氛围，每个记者给我的评论都不一样。如果一定要让我给自己打分，当然我不能打满分，我总有缺陷，总还得努力，也许我只做到了75%到80%，也就是75分到80分这个样子。

撒贝宁：

您刚才说如果非要您打分，您打75分到80分。那我想问一个问题，丢的那20分，您觉得丢在哪儿了？

赵启正：

这个分丢的，还不能完全怨我自己，就是我没接着好球，就像记者没问好，跟打网球一样，这球太软。而且，有些地方我可以再简练一些，答得还是长了，总觉得应该说完美点儿，其实不应该太长。

肖婷（青年代表）：

赵老师您好，我是肖婷。去年夏天，我在美国待了三个多月，那时候被问得最多的就是“How's China”（中国是怎样的）。有一次，我在美国马路上搭顺风车，车主是一个面容和善的女士。她问我是从哪里来的，我说我是中国人。她很直接地告诉我她对中国的感觉是scaried（恐怖的）。

ICE
SAIL

其实我有很多好的东西想要告诉他们，我们有《舌尖上的中国》，我们有漂亮温柔的湘妹子，我们有名扬世界的万里长城，但是那一刻我却因为他们的反应愣住了。赵老师，您作为一个官方发言人，可能多是从国家的角度用外交辞令来介绍中国的。如果您作为一个普通人，当您走到国外的路上，碰到一个老奶奶问您中国是怎样的，或者一个小孩子充满好奇地问您中国是怎样的，您会如何回答？

赵启正：

第一，我会说："您去过中国吗？"他一定回答没去过。我会说："欢迎您去中国。第二，我在中国生活几十年了，我可没有这种感觉。您说个例子，哪件事情使您感到恐怖了。"他一定会说他听来的故事。你应该比他更熟知这件事，因为你是中国人。碰到小孩子，你对自己的孩子说什么话，对他就说什么话。我觉得不是太难，特别是跟不同国家的人见面，他更有好奇心，他渴望你给他讲一点儿中国的故事。这些外国人对中国的误会，所受的影响，就是外国的报道、外国的电影。这个时候你要有针对性地回答，但不一定要用过于理性或者政治的语言。

邬文昊（青年代表）：

我来自同济大学法学院，我想问的问题是关于独立思考的。在这样一个新媒体时代，可以说信息不对称、信息损耗，面对这种纷繁复杂的信息，我们要做到独立思考，需要作好哪些准备？同时，我们应该怎样去甄别这样一些信息，从而进行思考呢？

赵启正：

独立思考就是要有自己的思维过程、有判断，你的大脑不能只做U盘，老存别人的东西，这样你就没有独立思考的空间了，自己得有程序、有判断。我听到这样的话又听到那样的话，这些话并不一致，我把它比较判断之后，发现这些话说得都不够清楚、不够好，我提出来一个新的见解，这就是独立思考了。

撒贝宁：

独立思考可不等于隔离，所以千万别把独立思考当成一个借口，就是我谁的话也不听，谁的话对我来讲都没用，我就走自己的路，没有这样一条完全属于自己的道路。

今天我们跟赵老师一起在有限的时间里，分享了很多关于赵老师在工作研究过程中的感受和体会。最后，如果让您给年轻人一句话，告诉大家今天中国和世界的关系，您会怎么说？

赵启正：

中国是世界的重要组成部分，经过三十多年的奋斗，中国由世界舞台的较边缘部分走到了中心，中国好要靠大家好，中国成功要靠你们诸位的成功！

撒贝宁:

中国走向世界，世界走向中国，这是一个相互交流的过程，不是一个单向的运动。在这个过程当中，我们也很高兴地看到，今天越来越多的人希望了解中国，越来越多的人开始从语言上、文化上接近这个古老的国度。

葛剑雄：读书，永无毕业

他是学术界很有口碑的人文学者，发表史学专著二十余部、论文百余篇。学者身份的他，谈地域文化的形成，谈荀子的启示。他的博闻强识，令他拥有众多粉丝；教授身份的他，打破图书馆人长期以来在学生心中的刻板形象，对于青年的提问有问必答。他自言既不做书呆子，也不做伪君子。

三十一年前，他从复旦大学历史系毕业，拿到硕士学位，未曾想到，从此与这所大学结下了不解之缘。毕业三十一年，他仍然留在当年学习的这所大学，心系青年的未来。他说：大学会毕业，读书却永无毕业!

为什么要读书

走到台上的时候，我以为走进了我们复旦大学图书馆未来的新馆了，但是再仔细看一看，摆着的这些书都是假的。其实放假书的地方不少，我在参观法国皇宫时，也看到整面墙壁都是书，再仔细看看，表面看上去是真的，其实都是假书。

在我们的生活中，并不是每一个人都喜欢看书，也不是所有的书都被大家喜欢。有些书大家不喜欢，我也不喜欢。昨天看电视的时候，我看到高三学生参加完高考后的狂欢镜头，同学们把做过的试卷都从楼上扔下来，白花花一大片，就像漫天飞雪，同时我听见他们在高呼加油。当时我觉得有点儿奇怪，既然你们都把学习资料丢了，为什么还要喊加油呢？我想，他们扔掉的应该是平时最讨厌的资料，但内心里还是希望继续加油。

每年学校放假的时候，都有很多同学跟我联系，说有好多书他们不想带走，希望捐给我们图书馆。我们图书馆接受了这些赠书，设置了一个爱心书柜，如果有同学需要，可以自行带走。我在美国大学里面看到，很多同学毕业时都会留下很多东西，包括书，大多数是用过的教材。有很多教材他们可以卖给书店，学弟学妹再去买的时候就比较便宜。所以我今天想讲这样一个话题——读书，永无毕业。

尽管今天的你们可能在抱怨大学，甚至抱怨图书馆，但每个人还是离不开阅读的。要知道，我们这辈子真正的意义是从阅读开始的，就算离开了学校，到社会上去，开始工作，开始赚钱了也不会停止。每个人，一个基本目的就是通过读书来获取知识。当然，我们不一定要用纸质图书进行阅读，我们也可以通过网络、手机、电视进行阅读，从而获得知识。绝大多数知识都是通过阅读获得的，我想如果从这个目的出发，那毕业并不是读书的终止，而是一个新阶段的开始。

离开了学校，为了研究，为了工作，为了生活的意义，我们绝对离不开读书。哪怕是一个实验项目，比如你今天要通过实验找到一种最佳物质，如果阅读后再做实验，就能少走很多弯路，可以在前人的基础上前进，而不是自己从头开始。也许有的同学会说我们毕业后不再需要参加任何考试，也不用再做任何研究，不需要阅读带给自己任何知识。即使这样，我想你也离不开读书，因为读书有趣。在学校的时候，也许你读书有一定目的，也许带有功利成分，那么现在你毕业了，读书可以成为人生乐趣，让你的生活更有趣。

我想读书会成为你生活中很重要的一部分，成为你人生中不可或缺的部分，给你带来欢乐，带来幸福，带来精神上的享受，这是其他任何方式所不能取代的。正因为如此，作为一个过来人，我愿意跟大家分享一点儿我自己的读书体会。

怎么去读书

我小时候读书非常困难，比如读古文，很多古文都没有断句，断句对我们来说是一件很不容易的事情。还有很多我们不认识的、读不准的字，有些字虽能读得出来，却不知道什么意思；比如读外文，且不要说其他小语种，就拿比较普遍的英语来说，我们缺乏词汇量，不懂语法，读起来也很艰难。现在通过查字典、上网，解决这些问题明显就简单了很多。

但是，我觉得真正读懂书不应只限于对字面的理解。同样一本书，我们读完之后的感悟是不一样的，对一本书的理解是不一样的。任何一个作者，他都不可能把自己要说的话完全写进书里，他必定是有所选择的，有些话说出来了，有些话没说出来。我们看名人留下的日记，是不是这些文字就是他当时真正的思想写照呢？我觉得不见得。也许他在写很多日记之前就做好了发表、出版的计划，他知道这些文字会有很多人看到。最近历史学界很多研究近代史的老师都在研究、讨论蒋介石的日记：他究竟有没有在日记上写一些自己的恶习呢？他究竟会不会在日记上记录他做过的坏事呢？他日记上写的文字是不是都是真的呢？我看不

见得，对照一下别人的记录，有些事情他还是没有写在日记里。

今天媒体如此发达，我们可以得到所谓三维的或者全息的信息，这些究竟是不是全面的、真实的呢？比如我今天站在这里讲话，很明显，我知道有摄像机对着我，知道哪些话能说哪些话不能说。假设当摄像机没有对着你们时正好发生了某一事件，摄像机却没有拍摄进去，那么即使我们保留了今天所有的录像，也不能反映出发生的所有事情。人类历史、社会就是如此复杂。

上学的时候，我们读书的目的往往是为了完成一篇论文、做好一道习题、得到一个好成绩。毕业之后，我们摆脱了应试教育，不必再为了应付考试而读书。所以，我们要想真正读懂书本，不仅仅要知道它字面上的意思，还要知道它所表达的思想内容。我们需要深入了解它的内涵，从而更了解社会，更理解人生的意义，更有利于我们实现自己的梦想。

我教书多年，有一次，学校举行具有三十年教龄的教师祝贺会，我坐在台上，很多人以为我是代表青年教师向老教师表示祝贺的，结果发现代表老教师讲话的就是我，其实我的教龄已经有三十一年了。我在多年教学过程中发现了一个问题：有些学生在学校里非常优秀，有的一直是共青团或学生会干部，学习成绩好，球也打得不错，我们经常开玩笑说要找这些同学的缺点还真不容易，但他们到了社会上，并没有走在别人前面，反而落后了。

相反，在学校里面比较调皮的学生，也许老师看不上眼，可没过几年他们却成为最优秀的一批人了。这是什么原因呢？我想一个很大的原因就是前者并没有真正地了解这个社会，所以他们到了社会上以后很不适应。以前孟子说过一句话：“尽信书，不如无书。”当然，孟子说的“书”不是现在书本的意思，而是指“书经”。但我们也可以把它引申出来，你如果完全依靠书本的知识，那我劝你暂时不要看书了，先到社会上去了解这个社会，去跟更多的人沟通。然后你再来看书的话，也许就真正理解了。

有选择，有控制，才有收获

读书，是需要选择的。特别是在信息时代，当各种繁杂的信息涌进视线，我们必须学会筛选。

从我们的人生价值来讲，读书是无限的，但从具体的目标来讲，必定是有限的。我们曾经提倡读书破万卷，我们提倡多多益善、开卷有益，我们以前仰慕的那些所谓学富五车的学者，这一切在今天应该有了新的解释。因为在这个知识爆炸的时代，每年出版的新书太多太杂了，我们图书馆的编目系统经常都来不及更新。复旦大学图书馆现在每年采购的图书品种大概在全国高校里面排第一，单个品种数至少有两三百万。据我所知，美国哈佛大学图书馆的藏书大概是一千六百万种，当然还有比它藏书更多的图书馆，世界上没有人能把这些书全部看完。

面对这么多书，如果我们不进行选择的话，最后有可能徒劳无功，所以我们必须学会选择。在每一个阶段应该读什么样的书，必须要有一个具体目标，无论你是出于求知的目的还是研究的目的。事实上，我们不可能做到像古人说的“上知天文，下知地理”，不可能成为各个学科的学者。在古代，知识结构比较简单，讲究融会贯通，讲究自己的理解；但今天，我们必须控制自己的欲望，把自己的精力集中在某一方面，深入研究。必须要有所选择，有所控制，这样才能够有收获。

读书的选择，还可以参考有经验的人的意见，比如让导师帮你选择最适合的书籍。在今天，如果不懂得选择，又不听从师长的建议，不管你多努力多勤奋，最终的结果也许还是淹没在知识的海洋里不知所终。

当然，如果你把读书作为一种人生的乐趣，作为一种精神需求，那么我想你完全可以随心所欲。这不仅仅是在吸收知识，还是一种精神境界。尽管有些诗、有些名句，你已经念了不晓得多少遍，甚至到老了都能背出来，但你每看一遍都会有新的收获。在这种情况下，也许你不单注重它的内容，甚至会非常注重阅读方式。只要你自己觉得愉快，觉得有收获，那就可以了，不必考虑别人对你怎么看，也不用考虑看书究竟有什么目的，这种境界是阅读的最高境界，但它的作用主要限于你自己，别人无法分享。

条件越艰苦，越不要这样阅读

我们经常会碰到这样的问题，毕业之后所做的工作不是自己喜欢的工作。我想，在现代社会这是不可避免的。人需要解决衣食住行，所以我们首先要考虑自己的生存，为了生存，我们也许一辈子都在做一个无趣的工作，每天重复着一个简单动作，或者一个非常简单的程序。你为了工作，需要看很多枯燥的操作资料或者说明书，但你喜欢读的却是唐诗宋词，或者莎士比亚、巴尔扎克，那么你是否还要继续读书？读书的乐趣在哪里？其实我觉得没有关系，谋生手段和个人兴趣完全可以分开。

我认识一位美国青年，他喜欢中国的历史文化，特别钟情于中国的唐史，但他从事的工作是电脑编程、设计软件。他通过工作，积累了大量财富，从而开始资助唐史研究，以此来满足自己的兴趣。我在美国碰到过很多这样的人，比如有一位退休工程师，特别喜欢中国历史，他跟我说他现在终于可以从事自己喜欢的专业了。我还收到过一位菲律宾老人写的信，他说以前要养家糊口，不能做喜欢的事情，现在他有时间、有经济条件了，想跟我学习。

毕业以后，无论你们从事什么工作，只要你们有读书的兴趣，完全可以继续保持下去。随着经济社会的发展，也许业余时间越来越少，但还有很多时间可以用于读书的。而且你们获得知识的途径比我们多，阅读方式也越来越多。

也许你会为生存的艰难而烦恼，也许你的生活环境不是很好，但是请不要丢掉阅读。在艰苦的条件下读书，也会留下美好的回忆，也会产生意想不到的效果。读高中时，我在地摊上买了一本《六朝文集》，大概是两元钱。两元钱在当时算是巨款，相当于我一个星期的伙食费，但这本书现在的拍卖价听说是好几万元。这本书我一直保留着，“文化大革命”时藏了起来，没被烧掉。其实，这本书给我带来的乐趣绝对不是当时的两元钱或现在的几万元钱所能代替的。

这是我跟大家分享的关于读书的经验和感想，在结束讲话之前，我想对在座的各位说：读书永无毕业，也祝大家生活愉快。

朱屹礁（青年代表）：

我来自华东政法大学，大学三年以来都不怎么读书，平时比较忙，更多地专注于工作实践。葛老师，您能否推荐一些适合我看的书，能否给我一些关于读书的建议？

葛剑雄：

我一直拒绝给别人推荐看什么书，特别是年轻人，因为我觉得你们这个阶段不要盲目从众地读书，自己喜欢看什么类型的书就去看，这个效果更好。另外，现在的学生读书越来越少了，我觉得需要反思我们的教育体制。我对比过一些国家的上课方式，很多西方国家的大学老师会先给学生布置阅读书籍的任务，等学生看完了书再上课；而中国的很多大学教师会直接做个PPT进行讲课，然后布置试题，接着考试。

撒贝宁:

葛老师真是特别爱护学生，生怕你在电视机前说自己平时几乎不读书会对你有不好的影响，一个劲儿地说不是你的责任，而是教育的责任。其实，你也有很大的责任，现在不读书，十年后、二十年后，你就会发现自己很吃亏。

苏艺伟(青年代表):

葛老师好，我是复旦大学英文系的学生，以前我是学理工科的，但因为非常喜欢文学，所以我转了文科。我现在面临一个非常大的困扰，总是有人问我一个问题：你干吗转英文系？我也明白他们其实是想说我为什么不转经济管理、新闻之类比较热门的专业。大家都认为我应该读有用的专业，或者毕业之后能赚钱的专业。您怎么看待这样一种心态？

葛剑雄:

人们追求功利，很多人希望获得回报，这很正常，也无可厚非。但我们读书到底是为了什么？如果你仅仅是为了生存，你完全可以这样选择。一个社会，大家都有好的经济基础，这是好事。有一些人，一方面选择所谓毕业之后能赚钱的专业；另一方面他的内心却很痛苦，这其实毫无必要。并不是选择了爱好、选择了理想，就失去了生存条件，比如复旦大学很多教授毕生从事文史哲教学工作，我觉得他们也过得很好，并不至于无法生存下去。

如果你是为了解决基本的生活问题，我觉得必须首先满足生存的需要。但是，如果在已经衣食无忧的情况下，我建议大家多考虑一下精神生活。我们的一辈子并不是吃饭、买车、买房这么简单，而是要有自己的生活乐趣。我的老师进入济南大学的时候，一开始学的是英文，觉得不喜欢，转到中文系，后来又因为对中文系没有兴趣而转到了历史系，旁人也觉得很奇怪。但如果没有他不断作出的选择，我们今天就会少了一位杰出的历史学家。

耿晓天（青年代表）：

葛老师你好，我是来自上海大学的学生。我喜欢读书，天天都在图书馆里啃书，但是我看书特别"求甚解"，比较浪费时间，效率并不高，请问您对于图书的精读与泛读有什么见解呢？

葛剑雄：

我的想法是这样的，一个人的最高境界就是随心所欲，但要达到随心所欲之前，必须要学会适当地妥协。读书也是这样，你想深入解读非常好，但是一个人的时间、精力总是有限的，必须学会有所选择，包括控制自己的欲望。并不是求知欲越强就越好，比如我现在在学这个专业，那么我必须适当放弃一些不在这个专业范围内的阅读。要根据自己的条件，在一段时间里面先把专业知识学会，至少不要不及格，对不对？然后我才能顾及其他东西。我相信每个人都有自己的天赋，我们要试着了解自己。读书也是如此，有的人看书一目十行，但他一样能记住和理解，有的人就必须慢慢看才行，我觉得顺其自然就好了。

撒贝宁:

葛老师说，读书没有一个明确标准。读书是一件快乐的事情，如果你能从中感受到快乐，在那一瞬间，你就是幸福的。我们之前也给葛老师准备了一个问题——您能不能给同学们推荐一个书目？葛老师说“我最不愿意干的就是这个事”。为什么，您能不能告诉大家？另外，能不能说一下您印象最深、对您帮助最大的书单？

葛剑雄:

因为大学阶段的读书应该是自主的。对我影响比较大的书有：司马迁的《史记》、荀子的《荀子》、郦道元的《水经注》、玄奘的《大唐西域记》、司马光的《资治通鉴》、顾祖禹的《读史方舆纪要》、徐弘祖的《徐霞客游记》、魏源的《海国图志》、徐继畲的《瀛寰志略》，还有《唐诗三百首》和《六朝文集》。

撒贝宁:

今天葛老师跟我们分享了很多关于读书的话题。其实聊到最后，已经不光是读书这个概念了，还聊到了怎么做学问，甚至怎么做人。最后，我想跟大家分享一个小故事。

我曾经去一个山区采访，到了一个偏僻的小教学点，从外面公路走进去大概要爬两个小时的山。去之前，我问孩子们想要点儿什么，我们好给孩子们带一些上去。上了山，我们把这些东西都拿了出来，孩子们高兴地围着那些吃的东西转，小眼睛里面冒着光。我们还带了好多

DVD，里面有动画片，另外还有一些漫画书、一些童话故事书。很奇怪，我们跟老师说了一会儿话，再一转头，发现那堆零食旁边一个孩子都没有，所有的孩子一头扎进那些童话书里，翻着看，一瞬间，我感觉特别开心。孩子们真正喜欢的东西，是图书。

李少红：人生加减法

她是中国电影导演协会的女掌门人，冯小刚、张艺谋、陈凯歌都是她一呼百应的会员。她是力争完美的艺术坚守者，从《雷雨》《大明宫词》到《橘子红了》《新红楼梦》，她的作品独具风格。她的故事承载着中国影视人对“中国制造”不屈的探索。她是李少红，一个青年时代离家出走的叛逆女生，一个忘记性别的执拗军人，她把作品当生命，自称一辈子是劳碌命，她被评价为凶悍女导演，也被誉为温情女导演。三十年前毕业于北京电影学院导演系的她，怀揣梦想，期待在作品中追寻自己丢失的少女时代。

你首先要有一个清晰的世界观

站在台上，我突然觉得很紧张，因为导演永远是站在摄影机背后的人。站在镜头前面，突然觉得我的角色不对了，有点儿语无伦次，所以请大家原谅。

你们是一群即将毕业的大学生，即将走向社会。我们的人生经历不一样，求学的经历也有所不同，但是我们面临走向社会时的心情是一样的。所以，我今天的目的就是和你们分享我的个人感受。这个故事要从我毕业开始说起。

在我小学四年级的时候，碰上了“文化大革命”，上课断断续续。1966年，小学还没毕业，学校彻底停课了。当时的学生有一种特殊的学习方式，提倡上山下乡，到农村去学习。十四岁之前，我一直是独生女，周围的独生子女特别少，那个年代鼓励多生多育，所以我和周围人的成长经历很不一样。我性子比较急，刚从学校里出来就拎着包去当兵了。没过多久，有一项政策出来了，独生子女可以选择不上山下乡。

直到1978年，终于恢复了高考，那一年我二十三岁。从十四岁开始，九年的时间，我一直在等着重新回到学校的那一天，我对知识的渴望占据了我所有的心思。

由于年龄原因，如果这一年我不能如愿进入大学读书的话，按照规定我以后就不能再继续考大学了。也就是说，我只有一次机会。我下了一个决心，一定要考上大学，不管学什么专业。一开始没想到要考电影学院，更没想到要学导演专业，当时觉得学医是比较现实的。但是有一天，我无意中看到《人民日报》上刊登的北京电影学院的招生广告，其中有一条规定打动了我：艺术院校考试是在高考之前。也就是说，这样我就能有两次考试机会，如果艺术院校考试过不了，我还有一次机会参加医学院考试。我妈是一个导演，所以我也选择了导演系。

其实，我成为导演是非常偶然的。进入大学，我一下子掉进了知识的海洋，突然觉得自己需要学习的东西太多了。后来我遇到一个特别棒的导师，我就问他，到底怎么才能把导演学会呢？他告诉我一个非常简单的道理，他觉得你首先要有一个清晰的世界观，这个世界观的形成可能会帮助你去解决所有问题。他这句话对我的影响特别大。

走向社会的第一步

我毕业的时候，中国还是一个实行计划经济的国家，所有毕业生的工作由官方进行分配。我们是“文革”结束之后第一批电影学院的毕业生，人数远远超出了电影制片厂的需求，能分配到工作的概率特别低，每个人都非常担心工作分配问题，各自暗地里都在努力争取机会。以前跟现在不一样，如果你不能进入电影制片厂的话，前途就会非常渺茫，甚至可以说一点儿希望都没有了。

现在很多导演都会选择北京，事实上我们毕业那会儿是非北京不可，在外地搞电影是一件不可思议的事情，似乎离电影特别遥远。但是，户口特别重要，没有北京户口，根本不可能分到北京的单位。我是从南京考上电影学院的，所以想留在北京是一件特别艰难的事情。我跟自己说，我必须留在北京，必须进入北京电影制片厂。当时，北京电影制片厂在我们班只有两个指标，而最有可能拿到指标的是田壮壮和陈凯歌。也许十个指标都轮不到我，所以进入北京电影制片厂的机会微乎其微。当时北京电影制片厂在我们电影人心目中是一座神圣的殿堂，我当时觉得我要是能分配到北京电影制片厂的话，理想就算实现一半了。

我为什么会说到这个？实际上是讲到了人生的一个规划问题。其实你的人生规划可能从你上学的那一刻就开始了。你要学什么专业，你怎么来规划自己的人生，在上学的时候就应该考虑了，而不是说你走走看看，到社会上去试一试，看看哪个更适合自己。我给自己作了一个计划，这个计划的第一步就是，我要解决我的工作问题，能够到最理想的

岗位上去工作。这是我的一个目标，要实现非常艰难。我们每天都在开会，大家都在想办法争取，都在努力表现自己。我当时是军人，很有可能会把我分配到原来的部队去，所以必须先解决我的军人问题。我大概有两个月没在学校出现，每天跑到部队里想办法解决问题。

两个月后，我解决了军人问题，而且顺利拿到了北京电影制片厂的报到证。这个报到证我到现在还留在家里，那是我走向社会的第一步，非常非常珍贵。我给自己的人生规划了一个十进制的阶段。其实人生很短，没有那么复杂。

梦想的前十年

人生的路可能十年是一步，那么在你的有生之年，假设为五十年吧，最有效的五十年，我们走五步就把这一生走完了。从离开学校到现在，已经有三十年了，也就是说再过二十年我就七十岁了。你想想这一生，其实每十年就是你人生的一个进程，这十年的进程该怎么规划，是一件非常重要的事情。我也是这样跟我女儿算了一笔账，就是她怎么来规划她的人生。我觉得十年当中，首先你要算算你有几次可以犯错误的机会。人生不可能不犯错误，一定是有坎坷的，坎坷就是你有犯错误的机会。在你的人生中，上帝是允许你犯几次错误的。

我觉得犯错误的机会也是十进制，没有那么多。犯一次错误，可能你要花费两三年，最多三四年的时间，来重新整理和规划，然后继续往前走。我给自己走出校园的这十年作了一个规划，就是用三年时间，跟四部戏，当副导演。我觉得这四部戏对我今后做导演非常重要，我要学会在现场处理所有事情，包括怎么样把自己想象的镜头拍成一个片子。

导演可能跟写小说和画画等进行艺术创作的人不太一样，因为电影是要靠一个团队、一个集体来完成的。第一要想跟你的团队怎么合作，你要考虑用什么样的方法能让他们了解你的想法。第二，你怎么能让所有人用他们的优势，把你的想法具体实践出来，而且这个实践结果恰恰跟你的想象非常接近。这就需要你有跟整个团队沟通的能力。第三，我觉得导演最重要的一个能力，就是在现场的组织能力。现场有很多人，你的想法要靠很多人去实现，在这个实现过程中，你怎么能够和你的团队去合作、交流，能让他们很有序、很有效果地把你的想法实现出来。

刚毕业的时候，大家都非常想独立拍片子，可能我当时的想法跟大家不太一样。我觉得我必须得给自己订一个计划，要当四部戏的副导演。那么我一定要找一个好导演，找一个我非常欣赏的导演，跟着他学艺。我当时就跟着谢铁骊导演和张玉强导演，给他们当副导演。我先跟着谢铁骊导演拍了三部戏，然后跟着张玉强导演拍了一部戏。做副导演对我而言，是前三年必须做的事情。这是一个基础工作，决定着我今后能不能做一个好导演。在片场的时候，我的眼睛只关注两位导演，关注他们的一举一动，以便找到在未来处理所有可能会发生事情的办法，这是让我一生受益的四部戏。

在这个过程中，我们可能还会碰到很多机遇，比方说当时就有很多人来找我，说“你现在就可以当导演了”，但是我放弃了这些机会，我还是觉得做这四部戏的副导演非常重要。做完了这四部戏的副导演之后，在前十年中，因为性别的原因，我觉得我还要完成的一件事情也是第一部作品，就是要有自己的孩子，所以我又花了三年时间完成了这件事。毕业之后，我就在想，作为 位女性，我怎么才能处理好我的感情生活、我的家庭，怎么承担一个女人的责任。生完孩子以后，向生活走得更近了，我的感觉可能会更具体。三年之后，我就生了我的女儿，生完了以后，我没有马上拍戏。女人不可能全身心地把两件事情放在一起做，所以我就给自己订了一个计划，就是在前三年一定要把全部精力放在孩子身上，等到她上幼儿园以后再出来拍戏。等到了第七年，也就是1987年的时候，我才开始拍第一部戏。

在规划中的第一个十年，我觉得我们有三次犯错误的机会，我们可以碰三次钉子。为什么说有三次犯错误的机会呢？我们可能会任性，我们可能会觉得不闯一下就不甘心，我们可能觉得必须要试一下，才知道自己究竟能不能干。最好把这三次尝试放在前十年。你要有三次选择机会的话，基本上每一次周折需要两三年调整期，三次选择尝试就需要九年时间。在这九年里，你可以尽情地去闯，去创业，去跟社会碰撞。这个过程，实际上是你认识自己的过程。

和自己谈恋爱

第一个十年是最容易迷茫的十年，但也是最浪漫的十年。在这十年的时间里，你要跟自己谈一次恋爱，你要知道你是谁，你要知道对你而言最重要的东西是什么，什么是你的最爱，什么东西你丢掉就活不下去，什么东西你一旦说到就会激动，什么东西值得你付出一切努力去追求。在这十年里，我们要通过不断尝试，去寻找一生的追求目标，建立一个让你愿意付出一生的梦想，你要找到触摸这个梦想的感觉。

在这十年当中，你们遇到任何挫折都不可怕，而且都有存在的必要。人的一生，除了梦想和事业，还有很多我们不能忽略的东西。在追求梦想的过程中，我们要时刻照顾好自己，也不能让追求梦想的双足被牵绊，比如家庭、爱情、孩子、父母。其实，我建议在前十年，也就是从你离开学校到三十岁左右的阶段，首先把爱情和家庭的问题解决好。我们可以算一笔非常简单的账，如果你25岁生孩子，小孩开始接受教育的时候你才三十多岁，父母还不到六十岁，这样生活的负担轻一些，精力相对充沛一点儿。如果你三四十岁才开始考虑要小孩儿的话，父母年龄也越来越大，你的压力以及父母的压力都很大，精力的耗费也越来越多。所以我一直觉得，早点儿要小孩儿对于事业的发展和梦想的实现都有帮助。

三十岁的时候，也许你才开始有自己真正意义上的方向。我真正开始拍自己第一部戏的时候，才知道我有多么热爱这个工作，对电影的感情任何东西都取代不了。我拍第一部戏时特别艰难，当时我婆婆得了重病，有生命危险。我和爱人一个多礼拜没有睡觉，白天拍戏，晚上去医院陪着我婆婆。

第一部戏对我特别重要。我1982年进入北京电影制片厂，做了四部戏的副导演，怀孕，生小孩，带小孩，1987年开始拍自己的第一部戏《银蛇谋杀案》。在电影开机第七天的时候，主演贾宏声在拍第一场戏的时候摔断了腿，加上婆婆病倒，整部戏对我来说是一种极大的磨炼。通过这部戏，我在三十岁的时候开始知道，我会为电影付出一辈子，这是我一生的梦想，永远不舍弃。

第一个十年，不管你遇到什么样的挫折都没什么大不了的。人生挑战的坎坷实际上出现在梦想的第二个十年，也就是从三十岁到四十岁这个阶段。这十年，是我们精力最充沛的十年，有欲望，有激情。在这十年，少犯一次错误就会给我们赢得一次机会，赢得一次成功的可能性。

第二个十年，我给自己规定只能有两次犯错机会。这个时候，一次错误可能会让我们付出特别严重的代价，比第一个十年严重很多。所以，我们必须牢牢抓住这十年。在这十年里，你可能会看到梦想的模样，你可能会触及美丽的景象，你可能会听到掌声，但也有可能犯下你一生都不愿意原谅自己的错误，也就是迷茫。你可能会失去一个实现梦想的机会，判断上面的失误可能会给你增加往前走的周折，你会变得犹豫不决，选择会产生误差，你会难以正确评估自己，所以我觉得这十年是人生比较关键的十年。在这十年当中，我选择了放慢脚步，我没有希望自己去做更多的事情。当时正好是改革开放的时候，那是我们那一代人一个非常好的机遇，同时也把我们惯坏了，让我们变得不那么努力地去学习。

坚持与改变

有时候跟朋友聊天，我总会感慨我们那一代人的人生经历特别有意思。我们上学时，因为“文化大革命”，学校停课了；当我们毕业分配的时候，工作是不确定的；当我们真正开始工作的时候，改革开放了，不再实行计划经济了，需要自己创业；当我们结婚生子的时候，赶上计划生育，只能生一个孩子。一路走过来，我觉得我们的人生特别丰富。

我开始拍电影的时候，很快就没有计划经济了，电影开始改革，整个行业都在改革。以前，拍戏是由制片厂给你分配任务，比如我拍的第一部戏《银蛇谋杀案》就是北京电影制片厂给我分配的任务。但之后就不再有分配任务的制度了，从第二部戏开始，自己想办法，自己去找投资拍戏。实际上这十年是对我锻炼最大的十年，也是对我诱惑最多的十年，同时也让我开始对自己的梦想产生了怀疑。

我自己原来的梦想就是拍电影，没想过别的事情。1987年拍了《银蛇谋杀案》，1990年拍了《血色清晨》，1992年拍了《四十不惑》，然后到了1995年我才拍了《红粉》。拍完《红粉》之后，我有一个很大变化。改革开放之后，经济和文化都发生了很大变化，电视业开始崛起。当时摆在我们面前有两个选择：继续拍电影和开始拍电视剧。如果坚持拍电影的话，机会很少，每拍一部电影要花三到四年的时间去找投资，整个过程很麻烦。当时在这两个选择当中，很多导演都非常纠结。

事实上，《红粉》对我而言就是一个分水岭。我必须作出一个选择，是继续拍电影还是开始拍电视剧，继续走独木桥还是选择另外一种可能性。我想，也许离开电影一段时间，我会创造出更多的机会和可能性。1996年，在我追求梦想的第二个十年，我完成了一个比较大的转变，开始拍电视剧。其实，当时很多人都认为我的选择是错误的，我的不少同学选择了继续拍电影，继续追求自己的电影梦想。

1995年，我拍了自己的第一部电视剧《雷雨》，1998年拍了《大明宫词》，2000年拍了《橘子红了》。我慢慢发现，其实我们可以把电影艺术渗透到电视剧里。很多人觉得我们放弃了自己的电影梦想，事实上我觉得恰恰是这几年帮了我很大的忙。

首先，拍电影有一个特点，机器必须保持运转。你必须得要创作，任何一种创作对你的艺术创作来讲都不是损失。我不愿意等待，我愿意用行动换机会，所以这是一个很重要的选择。其次，我觉得这几年电视剧的发展就是数码的发展。未来几年，电视剧将反过来影响电影。我们从电视剧这个入口进去之后，了解更多的是技术的革新和发展，拍了电视剧之后再回头做电影，就会发现电影和电视在这十年中迅猛发展，而且这两个门类的艺术和技术得到了高度结合。拍电视剧的这十年，又回过头来帮助了我的电影事业发展，所以我非常感谢这十年。

拍电视剧对我来讲是一种很强的体力劳动，对于创作来讲是一种有效的训练。这十年拍电视剧的训练，对我后来的艺术创作帮助很大。一部电影一般两个小时左右，可能拍摄两个月到四个月，而电视剧三天拍一集戏，一集戏等于半部电影时间，相当于六天拍一部电影，这对每一个人来讲都是体力上的挑战。一部电视剧的故事对创作者来讲也是一个挑战，因为一部长篇小说跟一部短篇小说的讲法完全不一样，讲好一部长篇小说的故事是一种很强的训练。从三十岁到四十岁的这十年，我得到了极大的锻炼。这十年我走了一些弯路，而这正是我继续前进的动力。

从四十岁到五十岁的阶段，追求梦想的第三个十年，有可能会是人生的升华。在这十年里，也许我们才开始确立一个真正意义上的世界观，人生规划到了一个里程碑阶段。在这期间，我们只有一次犯错机会。这是人生特别重要的一个十字路口，如果错过了，也许就再也没有机会抵达目的地，再也没有机会实现理想，我们会为失误付出更大代价。所以，这是我们追求梦想过程中特别关键的十年。

这十年不但是实现理想的十年，还是回报社会的十年。我们的人生开始发生了改变，不再只是为了自己而活着，不再只是为了自己而去奋斗。我们需要为更多的人去付出，为整个社会的建设去努力。这也是实现自我价值的十年，在这之前，社会和他人给我们提供了很多机会，我们需要逐渐回报社会。

人生加减法

回头看我走过的路，我发现我大部分时间都在做减法。事实上，加法有限，而且因为年龄的缘故，我们基本上不可能实现加法。如果要做得更好，我们需要的不是加法而是减法。做减法会让我们解压，会让我们没有那么大负担，会让我们感觉到轻松，会让我们有更多时间去感受人生。

在我的经验里，每次碰到举棋不定的时候，每次碰到加减法的时候，我会直接选择减法。在年龄方面，我在被迫接受减法；在名利方面，我想我也可以选择减法；在面对诱惑的时候，我也选择减法。实际上，在任何一个十字路口，我们的选择无非就是一道加减法单项选择题。

2007年，我面对一道特别大的加减法单项选择题，我必须作出抉择。是否拍摄电视剧《新红楼梦》，是非常艰难的一次选择，甚至是我这半辈子最艰难的一次选择。我的经验告诉我，在人生加减法面前，减法更有利于未来。我完全可以放弃这部片子，对我的名利而言，我并不需要这次机会。拍摄《新红楼梦》事实上是在挑战经典，我们并不是从头开始，可能会承担很多必要的责任，必须背着前面的包袱。但是，从艺术创作的角度来考虑，这个机会太难得了，在这之前我根本不敢想象我会有机会去触及这部名著。这个选择对我而言特别艰难。

我选择了艺术创作上的加法，名誉上的减法，决定把这个沉重的压力承担下来。当时，我特别清楚我面对的困难，也很清楚我有可能面对的结果。《红楼梦》本身的魅力特别大，而且对一个学习电影和对电影有梦想的人来说，这是我一生中非常难得的机会，足够让我忽略名利上

的损失。

最后的结果，有人喜欢这部作品，有人不喜欢。这在我的意料之中，但对于这个选择我没有丝毫后悔。我特别感谢《新红楼梦》的拍摄经验，这可能是我后半生用之不完的动力。事实上，《新红楼梦》的三年创作，对我来说既是一个难得的机会，也是一件特别享受的事情。在这期间，我不考虑任何外在因素，完全沉浸在《新红楼梦》的艺术创作当中。不管观众的评价如何，我收获的远远超过了损失。

刚才你们问我为什么要讲人生加减法，我一时说不上来。事实上，到了这个年龄段，我觉得人生真的很短暂，如果不好好规划自己的人生，会留下很多遗憾。到了今天，我还是觉得很多事情没有尝试过，所以我经常和年轻人说，你们要规划好自己的人生，不要留下太多遗憾。其实人生并不复杂，应该给自己留更多时间去感受人生，而不是在挫折中抱着遗憾度过。

当然，我发现我对青年人的建议有点儿像父母对子女的建议，觉得父母都是这么想的，事实上孩子都听不进去。年轻人不撞一下南墙就是不甘心，我年轻时候也是这样。所以，我只能和大家分享一下我的经验。我们只有作一个非常明确的规划，人生才会更精彩。

撒贝宁:

您和您的爱人一直是工作上的伙伴，也是生活上的伴侣，或许两人在家的时间远没有在一起工作的时间多，能说一下你们是怎么认识的吗？

李少红：

他是我的老师，也是我上一届的师兄，留校教书。当时，学生拍摄实习作业，只能排队使用一台摄像机，由老师跟我们一起拍摄。他管理摄像机，我为了学习知识，经常待在拍摄现场当杂工。当时田壮壮是我们的班长，他经常跟我们说，电影是拍出来的，不是看书看出来的。我觉得特别有道理，你有再好的想法，没有一个具象表达的话，没法拍出好电影。

朱玥桦（青年代表）：

李少红老师刚才说，追求梦想的第一个十年，可以犯三个错误。我现在恰好在这十年当中，而且我坚信别人的成功不一定能复制，但别人遇到的困难、别人犯过的错误，我们是可以避免的，因为撞的南墙都长得差不多。所以我特别想知道，你在第一个十年当中，犯过哪些错误，可以跟我们分享一下吗？

李少红：

在第一个十年，有两件事情打乱了我的计划。第一件事情就是意外怀孕，虽然现在已经能够享受到这个错误带来的乐趣和幸福，但是当时把我的计划都打乱了。我是一个理性的人，一直相信人生必须有一个严密的规划。当时已经下定决心要做人工流产，在做B超的时候，我突然意识到这是一条生命，所以立刻逃离了医院，选择生下了女儿。第二件事情就是，我计划好跟四部戏后开始拍自己的戏。结果跟完了三部戏后，田壮壮找我帮忙，他接了张玉强导演的戏《出门挣钱的人》，但他要去拍自己的电影。当时我答应了他，也很羡慕他，那时候张艺谋都已经开始拿奖了，自己心里着急。

这两件事情我当时都特别挣扎，但现在看来完全不同。比如跟张玉强导演的戏，让我学习了很多知识，这些对我后来拍戏有很多帮助。其实你们每个人跟我一样，走到人生每一个十字路口的时候，都不知道未来是什么样，都要作出一个选择，你们可能要为这个选择付出代价。那时候觉得我真倒霉，人家奖都抱回家了，我还没跨进门槛，一部戏没导过。

撒贝宁:

有些事情，你一开始可能会认为是一个错误，甚至是挺倒霉的一件事，但慢慢走着走着，发现是一种幸福，是一种快乐，甚至是上天的一种恩赐。可是我们年轻人怎么会知道，在自己犯错误的那一瞬间，未来究竟是黑暗的还是光明的？就算当时给予你打击了，事后回头看，所有这些错误都是财富。

许多(青年代表)：

我叫许多，来自复旦大学国际政治系，我的梦想就是当一名导演。我曾经学过一段时间话剧表演，在学校也导演、参演过很多话剧。目前，中国非常有名的导演大部分都是男性，所以很多朋友都劝我放弃，他们认为一个女生做导演十分辛苦，身心很难承受。李少红导演作为我们女性导演的榜样，我想问一下，在这三十年中，支撑你的最重要因素是什么？可不可以给我这个准备当导演的晚辈一些建议？

李少红：

我觉得性别并不影响你对职业的选择，至少在导演这个行业如此。你要尊重你的性别，可能到关键的时候，你的性别会是克服所有困难的重要因素，也是你有天分和生命力的重要因素。作为一个导演，女性是有先天优势的。我觉得女性比男性更坚忍，更能吃苦，更能够坚持下去。女性的细腻、委婉，是男性导演所缺乏的，我们把这种感觉融进作品里面，能够给观众带来不一样的感觉。女性的价值观与世界观和男性不一样，看世界的角度不一样。所以，我们没有必要在意自己的性别。

对于你当导演的建议，我认为你有两个选择：第一个选择是加入制片公司，按部就班地发展，在有序的环境里积累经验。制片公司毕竟专业、成熟，你不用为环境等问题分神，把精力集中在电影的艺术创作上。从副导演到独立拍小片，然后拍自己想拍的电影。很多人不愿意当副导演，不愿意去做具体的繁杂事情，总感觉副导演是在帮别人做事情。实际上，当副导演是积累经验最好的过程，等到你独立拍电影的时候，你就不会慌乱，你能知道自己想要的是什么，你能解决好一些具体问题。五六年的时间，你能摸到摄像机，也许能有机会拍一部纪录片，或者微电影、电视电影。第二个选择就是自己闯，先从一些小创作开始，哪怕是拍一部微电影、广告，在尝试中学习，在失败中学习。第二种选择可能需要有强大的驾驭能力和抵抗力。

撒贝宁：

未来的道路充满鲜花和希望，但是也充满艰难和险阻。

姚呈呈（青年代表）：

我来自上海电力学院公共事业管理系，刚毕业。我弹了二十年的钢琴，在面对钢琴教师和银行员工两份工作的时候特别纠结。由于家人希望我找一份安稳的工作，今天早上我刚签了合同，选择了银行。我想问的就是，被迫作出选择的时候怎么调整心态？

李少红：

在最重要的前十年中，你要通过一系列选择认识自己，第一次选择的结果不管怎么样都不是输。你不可能在第一次选择的时候就对了，就把一生事情都想好了。要学会选择，就要学会认识你自己，你要对自己进行梳理和分析，想清楚什么是你最喜欢的，你见到什么东西最激动，什么东西你割舍不下。这十年，你要跟你自己谈一次恋爱，你要知道自己真正的梦想是什么。

纠结基本上没有任何实际作用，你可以一边做一边考虑，就像我在去拍电视剧还是拍电影的选择当中，一边做一边想，用行动去思考。在这个过程中，你会知道哪个是有利的，哪个是有弊的，你到底是一个什么类型的人。这才是你的第一次选择，人生中其实有很多次选择，刚才

我说的“错误”实际上应该是人生中有各种选择，这个说法更准确一点儿。

欧文杰(青年代表)：

我是来自复旦大学法学院三年级的学生，很快会面临踏入社会、进行职业规划的问题，但事实上我不知道自己要干什么。很多时候，个人理想与社会价值取向是矛盾的，甚至同生活需求是有矛盾的。我们会面临一些质疑，甚至面对一些诱惑。看到别人在其他方面的成功，多多少少都会有一些犹豫、羡慕。我相信李导在三十多年的导演生涯中，肯定有类似的经历，您是如何调整心态的？对于年轻人有什么建议？

李少红：

每个人到这种时候，都会不淡定，我的经验告诉我，你必须学会淡定，要坚信自己的理想是可以实现的。整理好心态，规划好学习，认真地梳理自己的知识。在我们知道自己究竟想要什么的时候，通往梦想的道路上，我们必须时刻记得梳理一下自己。把你自己梳理得越清楚，你就越淡定，你也会有更强大的力量。在我接拍《新红楼梦》的时候，我想得非常清楚，能够有这么一个机会去接触自己喜欢的一部名著，能够有这样的创作机会，非常难得。所以我愿意跟这部名著来一次近距离接触，我可以有自己的表达机会，这是我最大的收获，其他的声音我都听不见。

撒贝宁：

这是一个信息时代，每一个年轻人在作选择的时候，周边的干扰太多了。我们可以通过很便利的通信方式得知这个同学如何成功了，那个同学获得了多少掌声。短信、微信、微博，所有这一切，让你躲都躲不掉，周围人的经历，他们成功也好，失败也罢，一直在影响你。刚才李少红导演告诉我们，坚持自己的梦想，听听自己内心在说什么，别管周围的声音，一条路走下去。如果你认准了，不撞南墙不回头，撞到了南墙，把它撞穿，继续往前走。

张植绿（青年代表）：

我来自上海戏剧学院2010届表演系，从三岁就开始拍广告，小学一年级开始一直在课余时间拍电视剧、电影。我从小喜欢表演，所以选择了表演系，但作为演员其实很被动，为了生活，我们并不能选择拍自己喜欢的戏。这并不是我的艺术梦想，在现实和梦想之间，我究竟应该作什么样的选择？

李少红：

只要有明确的梦想，这个梦想永远都会存在，就像我不会因为去拍电视剧了，我的电影梦想就没有了，这是不可能的。不能因为跑龙套，你作为一个演员的艺术追求就消失了。而是看你怎么在跑龙套的过程中汲取知识，在每一次的表演中学到新的知识。就像运动员一样，有一天让你站在奥运会起跑线上的时候，你没有在底下的苦练，给你机会你也跑不出好成绩来。你为了当演员去积累，任何经验都不会白费。

撒贝宁:

很简单，刘翔也不是一上来就参加奥运会的，他也是从学校运动会开始的。

张虎军(青年代表):

李少红导演你好，我觉得你们那一代的人，每天把梦想当成闹钟，叫醒沉睡中的自己；可是我们这代人，我感觉很像每天把梦想当成枕边的小说，晚上睡不着觉了，就拿出来翻一翻，催眠自己。你怎么看待我们这代人跟你们那一代人的区别？你能否送我们几句话，送给我们这些生活在一个物质化时代，希望坚持梦想却只能向现实妥协的人几句吗？

李少红:

我们这代人跟你们确实不是很像，经历不一样，成长过程不一样。没办法复制，我们的经历太特殊了。我们一直是从动荡中走过来的，所以有危机感，很多东西、很多机遇都是自己争取来的。现在生活越来越好了，你们反而不知道为什么要奋斗，不知道到底需要什么。

不管我们的经历多么不同，大家追求梦想的愿望是一样的。那个时候我们的梦想是上大学，所以争取机会考大学。后来，我的梦想是拍电影。其实你走每一步的时候，都会有下一步的梦想。你也许一下看不到一生的梦想，但你可以看到下一步的梦想，为你下一步的梦想去努力。

那么，我是谁

王潮歌：

王潮歌，著名导演。她与张艺谋、樊跃组成导演界铁三角，她被誉为中国最具创新精神的女导演。从《印象刘三姐》《印象丽江》到《印象普陀》，她开创了中国实景演出的先河。她是2008年北京奥运会开闭幕式核心创意六人组里的唯一女导演，把华夏几千年的灿烂文明演绎得光彩夺目。工作中的她霸气十足，生活中的她娇柔妩媚。她是王潮歌，热血、真实！面对人生不躲闪、不抱怨！二十年前毕业于北京广播学院的她，怀揣文学梦想，践行导演人生。毕业二十年，从艺术家到女老板，她用行为和态度影响更多的人。她坚定地知道：她要什么，她是谁。

人生的三个十年

我特别兴奋，一点儿都不紧张，等待这个跟大家见面的机会等了好长时间，今天终于站在这儿了，挺高兴的。那么，我是谁呢？我叫王潮歌，女，汉族。20世纪60年代生于北京，已婚，育有一女。

从大学毕业到现在，我唯一做过的职业就是导演。我认为“我是谁”这个问题，是大多数中国人现在每天都在问的一个问题，但知道“我是谁”特别不容易！我的人生第一个十年就忙了一件事，那就是成长。扁桃体发炎，打针，吃药，然后继续长大。上小学，搬家，跟父母吵架，跟我姐打架，反正就是忙着长大。

人生第二个十年，我忙了两件事：第一件事是疯狂地喜欢上了一个小哥哥。在我们那个年代，早恋是很大的问题。我怎么能够喜欢小哥哥呢？可是我长大了，我是一个青春少女，我看到一个梳着分头的小哥哥，我就喜欢了，怎么办呢？我可以不告诉任何人，我可以不让别人知道，隐瞒着父母，也隐瞒着他。当月亮升起来的时候，我站在院子里，看着天上的月亮说：“明天我要穿一双黑色的鞋，配哪双袜子好呢？小哥哥会喜欢什么样的呢？”这个小哥哥是谁，我现在已经完全不记得了。但是很长一段时间，埋藏在我心底的这个秘密，让我变得美丽，让我变得丰富，让我在看到风沙的时候，让我在看到雨雪的时候，让我在看到落叶的时候，让我在被老师叉着腰骂的时候……心里很坦然、很自在，因为我心里有一个我喜欢的人。

第二件事情是，我疯狂地热爱文学，热爱到了发痴的程度。当时的文学杂志非常少，有一本我特别喜欢的杂志叫《人民文学》。拿到杂志的那天，我会洗头、换新衣服，然后开始阅读。当我慢慢打开杂志，开始阅读那些文字的时候，那种心跳的感觉就跟见着那个小哥哥是一样的。我热爱它，热爱到发痴的程度——我眼睛里只有诗歌，只有小说，只有诗歌和小说里出现的那个世界是我向往的。我开始学着写，写得特棒。十四岁的时候，我已经在《人民文学》上发表了两首诗歌了。这就是我的第二个十年。

因为小哥哥和文学，我在中学期间一直在扮演一个坏学生的角色。每次上课我都会走神，眼睛顺着窗户就走了，穿过树林，穿过一片低矮的房子，穿过人群，穿过河流，穿过北京城，我不知道到哪儿去了。老师突然叫我的名字，我站起来，慌张地看着老师，一句话也说不上来。

到我人生第三个十年的时候，我又忙了两件事：生了两个孩子。

第一个孩子是我的女儿，是一个健康的小姑娘，长得虽然一点儿都不像我，没有一双大眼睛，但是她在努力地学习我。我的第二个孩子是我的作品。我不断地用我导演的才华，导出一部又一部作品。

长板理论

现在到了我人生的第五个十年了，这个第五个十年没过完，所以还没法总结。但是此时此刻我站在大家面前的时候，我正在努力地想“我是谁”“我该往哪里走”。大家知道有一个叫短板的理论，说如果你要是短板的话，你的水就会流出去。我站在这儿告诉大家，我就是那“长板理论”。

所有板都短，我却有一个长板，那就是我的作文写得非常之好。因为我写得好，文学带给我的光荣，带给我的荣誉足以弥补我在物理、数学上的缺陷，所以我现在并不扭曲。因为这个长板，致使我的性格是完美的，致使我今天的生活是幸福的。长板带给了我名和利，还有生活的饭碗。那么为什么要求所有人都把那个短板垒起来，把长板压下去呢?

人有能也有不能，所以我想问你是谁。我说的这个理论，会有很多年轻人反对说：“你这样说是不对的！”老师们也会反对，如果你认为我这样说是不对的，我就用一个最简单的例子告诉你，如果我今天说“我非常想当一个歌唱家”，我热爱音乐热爱到哪儿去了？我天天去练音乐，我可以唱歌吗？我不可以！为什么？我的声带没有长成那个样子，就是我苦死累死，也不能成为一个歌唱家。这是我的短板，我为什么要练？所以要知道自己是谁——知道自己是谁，才能够把自己的长板变得更长，短板就暂且短着吧！“宝剑锋从磨砺出，梅花香自苦寒来”，很多人都抄写了一些类似句子放在书桌上当座右铭。但是我在想一个问题：一个铁疙瘩，非要把它变成一把宝剑，必须磨，最后磨锋利了，把谁给刺死了。我是一个铁疙瘩，我也可以当一个铁锤，我照样给你弄趴下。我为什么非要成为一把剑？既然我是一个铁疙瘩，我就不想成为剑，我成为一个铁锤，不是也可以吗？所以我是谁？我为什么要变成你想要的那个样子？我为什么不能是我自己？

我真心跟大家讲，我从来没有为钱工作过，我从来没有为了我的一日三餐犯过愁。并不是说我不吃饭喝凉水就能长大。如果有一个人跟我说：“你干这么一件事吧，我给你很多钱。”那我第一个反应是：这件事好干吗？我行不行？不行那算了，不管多少钱我都不干。这是我的骨气吗？不是！是我特别自觉自愿的一种高瞻远瞩的人格魅力吗？也不是！其实就是一种生活技能。我认为现在真的饿不死人，你们随便找一个餐饮一条街，就会发现那儿招洗碗工、服务员，你只要会洗碗、会给人家端盘子，就饿不死。那么为什么在饿不死的情况之下，人们会抛弃自己的爱好，抛弃自己的理想，去寻求那碗饭呢？这个我想不通。

我不认为工种有高有低，每一个人在这块土地上都有与生俱来的平等：我们都是从妈妈肚子里出来的，都是一日三餐，都是要睡八个小时的觉，有谁比谁高、谁比谁低吗？唯一有高低分别的就是你的心智在哪里。所以我要反问一个问题：你是谁？

那么，你是谁

种瓜得瓜，种豆得豆，简单的生物法则。你人生前面的二十年，都在为别人的愿望而努力或者不努力，然后等下一个二十年的时候，你说“这种生活为什么不是我想要的”。你在埋怨三，埋怨四，埋怨政府，埋怨社会，埋怨父母，埋怨同事，埋怨领导，埋怨任何一个人，因为那些人没有给你好的生活。对不起，不会再有了。因为前二十年的时候，你顺着大家的指挥棒过了大家想要的日子，做了大家想要你做的事情，所以你在往后的日子里，已经没有资格说“我想要什么”了。当然，我并不是提倡不要好好学习，不要努力考大学，不要听老师的话。我的意思是，麻烦你弄清楚自己是谁。

如果你天生对数字敏感，那么你为什么要去学文学？如果你天生所有的机体智能非常之棒，那么你为什么把爱好的运动都放弃了？为什么非要这样？我在微博上看见年轻人在骂人，骂一切有钱人，骂一切有钱人的孩子，骂一切有钱人的生活，骂一切成功的……为什么？大家说这叫羡慕嫉妒恨。实际上你们在说：“为什么我不可以像你一样？！”

难道人人都想追求富裕，都想追求美好，都想追求幸福，都想过上那样的生活是不对的吗？我说不对！因为你是谁，因为宝塔尖上就那么一两位，你凭什么是他？你有这个能耐吗？你有这个长处吗？甚至你有这个命运吗？如果连这些东西都不具备，就不要说“我怎么就不是马云呢”。对不起，你不是他！他就是他，你就是你。如果你并不具备他的能力，那你就不要质问马云凭什么拥有那么多财富。

我们长的样子都不一样，为什么我们的命运是一样的？这种趋同的观念致使非常多的年轻人在前行的路上是迷茫的，不知往哪儿走，左边？右边？向站在这个舞台上的所谓的导师们学习吗？他说喜欢文学，哥们儿也去了，能这样吗？我就是我，你就是你，我们是不一样的。我们必须承认这种不一样，非常清楚地知道我是谁。其实每一个人的人生都可能是完美的。

生活没有好坏，有的是你怎么比量这个生活。要是你现在想："如果我没有一辆迈巴赫，我这还叫人生吗？"那么，你看见你家的奔驰也会生气！如果你天天想："天上的直升机怎么没有一架是我的？"那你看见迈巴赫也会生气！你有了什么能让自己不生气呢？其实我说的这个"我是谁"的问题很简单，简单到就像我们饿了要吃饭，困了要睡觉一样。知道我是谁，就知道我如何前行，我将往哪里去。

成功是什么？成功是我感到幸福，我感到我生而有意义，我感到我没有那么多的挫败，我感到我这个人不错！这就叫成功！

放松下来，留下什么是什么

在我的第四个十年里，我大概知道我是谁了。于是又出现了第二个问题：我将向何处去？这个问题极其残忍，比"我是谁"要残酷。

我现在主要思考的是我要放下什么。我的肩上有我的父母、孩子、

丈夫和我自己爱好的很多东西。我这个肩上挑着我的工作，有那么多场好的演出，每一天都在开演，有成千个演员在指望着我们。我这小肩膀啊，扛得住吗？我扛得了昨天，扛得了今天，扛得了明天，我还扛得了后天和大后天吗？我还扛得了多久呢？所以现在，我能否让我的十指从攥着拳头的姿势慢慢地舒展成一个掌，再从这个掌慢慢地把手指头松开，让非常多的东西像流沙一样顺着我的指缝流走，就如同岁月，就如同我的青春，就如同每一个春夏秋冬。我放松下来，就这么静静地待在这儿，留下什么是什么吧!

我现在正在努力地做这件事，但这件事太难了！不仅需要智慧，而且需要有极其坚定的意志力，因为诱惑太多了！作为这个时代的中国人，我们是最幸运的，因为我们迎来了一个好的时代，这个时代允许我们追求个人的梦想，有机会完成我们想完成的事业，但是同样这个时代，它在加速地前行。

这个速度是十三亿人推着往前走的速度，我们作为一个个个体，能跟上已然不易，能跑在前边就更困难，所以我们每个人都会经历挫败感。如果能够慢下来，看一看身边的风景，听一听鸟鸣，可能我们不会因为没有钱买房子而觉得自己一无是处。

如果生命中那些简单的事情，比如吃饭、睡觉、结婚生子、有病瞧病、没病高兴，就这么简单的事情，都要被房子、车所阻碍的话，那这觉也就甭睡了，睡了也会做噩梦。

世界是五颜六色的，人是各式各样的，个人过个人的日子，没有必要过“他”的日子。

何宇佳(青年代表)：

我觉得人得先拥有了，才能去谈放弃，就是你还没有拥有一个东西的时候，没办法去放弃。您怎么看拥有与放弃的问题？

王潮歌：

谁说放弃的是一个拥有的东西？放弃可以是我追求的路途。对吗？我打一个比方，我说你往前走，前面有辆车，你说你不拿，这是不是放弃？谁说我先有了，再扔了，这叫放弃？所以把放弃的这个姿势，变成先拿到再放弃，本身是对“放弃”这两个字的误解。比如说我现在可以放弃的是什么？我放弃今天晚上跟他吃一顿饭，我没有说吃完了饭以后我俩就不再吃了。这叫放弃，放弃是不再拥有。

陈昱伯(青年代表)：

一个人要敢于去做自己，这需要非常大的勇气。不是每个人都有这种勇气去说“我要做自己，我要走自己的路”，有些人就是喜欢走别人走过的路，安全。那您怎么去回答这个问题，他们要做怎样的自己呢？

天星
X!

王潮歌:

世界上并非每个人都是快乐的，有一部分人快乐，有一部分人就不快乐，所以像你刚才说的那样需要选择。只要是你选择的，那对不起，你得受着。如果你说你就要选择，你搞不清楚自己是谁，你也不想找，你就按他那个路走，那就是你的选择。我不是告诉大家有一条唯一的、绝无仅有的道路，我只是说我正在走的道路，我是这样。这个世界是很丰富的，有些人快乐，有些人不快乐，有些人好了，有些人不好了，我不认为每个人都会一样。

徐天星(青年代表):

我成绩很差，读模具与设计专业，这是我并不喜欢的专业，刚毕业。没有经济基础，当我遇到了一个我爱的女孩的时候，我自卑，不敢去爱。您觉得我应该怎么办?

王潮歌:

那是你的问题，在该爱的时候你不爱，去做了别的事，不管有任何借口，我认为都是闪失。在你年岁大一点儿的时候往回看，就剩下后悔了。即便你有多大的成就，挣了多少钱，你都会相当后悔。我跟我爱人结婚时买的第一个席梦思床垫，三百一十八元钱。我们在西四环买的，要拖到红庙去，花了十元钱，租了一辆三轮车，三轮车上面是床垫，床垫上面是我，前面是那个大学的班主任。一个大学老师教了十年的书，骑着三轮车，带着他的媳妇回家了。我们依然幸福了一辈子。

全世界有几十亿人，繁衍生息，世世代代。人类繁衍的前提绝不是因为金钱。在我们中国拥有十三亿人口的这个土地上生长的人，在大都市里边，能够受到好的教育，能够有工资可拿的人有多少？难道那些人没有生孩子吗？难道在土地里刨食的那些农民，没有教育，没有单位，没有所谓的房子，他们就不能生孩子吗？我认为没有任何人可以剥夺别人爱和生育的权利。

张人匀(青年代表)：

我想知道，您作为一个母亲，是怎样教育您的女儿的。您希望您的女儿成为一个什么样的人？希望她以后过什么样的生活呢？

王潮歌：

我首先是这么想的，咱们出生的时候，决定不了父母，他们也不知道咱是男是女。假如他生下来以后发现他的父母就是一个目不识丁的农民和一个村妇，他不可以埋怨说“你们怎么把我生出来的？你们怎么不能给我一个好的前程？你们不能给我很多钱，供我上大学”。他不可以埋怨。同样我的女儿出生以后，不能埋怨说“你怎么是一个导演？你怎么不能一把屎一把尿地照顾我？你怎么不能当一个全职母亲？”她也不能说我。因为这就是我们的父母。

所以我说，她摊上了我这样的人当她娘，有好也有坏。我用这样的思想告诫我，要这样当一个母亲：我认为她首先是她自己，然后是我的女儿，所以我一般用一种旁观的目光观察她，我知道她喜欢什么，她不喜欢什么，她特别爱什么，特别恨什么。在观察的过程中，我特别发现，她其实是自动长大的，她按照她自己的方式，由着她自己往前走，我可以在她跟前做榜样，但是我不能插手她成长的过程。比如说我认为她应该开朗，我在她面前就尽量表现得很欢乐。

转型，从零开始

邓亚萍：

她五岁开始苦练球艺，十八次问鼎世界冠军，四次摘取奥运金牌，是第一位乒坛大满贯女将。她无所畏惧、顽强拼搏，成为乒坛里名副其实的小个子巨人。不懂英文，她却大胆出国留学，寒窗苦读，终于收获学业大满贯。从运动场到职场，她完成了华丽转身，毕业后她成功转型，成为即刻搜索掌舵人。十五年前，她从国家乒乓球队正式退役，通往求学路，一举拿下清华大学学士学位、诺丁汉大学硕士学位、剑桥大学博士学位。退役十五年，从奥运冠军到商界女强人，邓亚萍依然保持快、准、狠的乒乓风格，归零心态，迎难而上。

除了当运动员，我还能做什么

我知道今天在座的同学，很多都来自著名大学，所以我的压力很大。不管怎么样，今天非常高兴能有机会与大家分享我的人生经历，也希望能借助这么一个机会跟大家共同探讨，怎么样才能有一个更美好的未来。

我今天演讲的题目是“转型，从零开始”，关于这个话题我得到过很多人的启发。有一位老者曾经问我，你的奖牌和奖杯都放在什么地方？我说，都放在家里，我父母腾出一间屋子作为我的荣誉室，我所有的奖牌和奖杯都放在这间屋子里面。她说，你应该把这些都收起来，因为这些已经成为过去了，不管你把这些奖杯摆在哪里，都已经不再属于现在的你了。你应该把这些都放到仓库里，重新开始，你还能做一些新的事情，也许会比你的运动生涯更加精彩。

从那一刻开始，我很长时间一直在想这句话，这句话对我的影响很大。作为一名运动员，我们的转型特别困难，所以我选择去读书。

小时候，由于我的先天条件不是很好，很多人并不看好我当一个运动员。但我自己并不这么认为，我不认输，我觉得我有能力证明自己。最后，我还是取得了比较好的成绩。当然，我必须感谢队友、教练、家人对我的帮助。运动员和别的职业不一样，吃的是青春饭，我们无法一辈子坚持这个职业。

即将退役的时候，我面临着两个选择：第一个选择是留队当教练；第二个选择是像一个应届毕业生一样，走向社会。事实上我心里并没有一个很好的答案，继续当教练会觉得不甘心，走向社会我却无法和应届毕业生竞争。除了当一个运动员，我还能做什么工作呢？除非我能放下世界冠军的身份，重新成为一个学生，重新走进学校学习知识，更好地完善自己。也许这是最好的选择，所以我决定去读清华大学。

自信与自我突破

刚进入清华的时候，我特别自卑。在自己的运动员生涯中，我非常自信，这也是作为一个运动员必须具备的素质。在清华大学，身边所有的同学都是如此优秀，在他们努力学习的时候，我把所有时间贡献给了我的运动训练，我成了全校最差的学生。作为一个运动员，必须自信，否则不但赢不了对手，连自己都赢不了。所以，既然我选择了进入学校重新开始学习，必须先找回自信。

后来，我找到了一个非常好的平衡点。我身边的同学都是来自全国各地非常棒的学生，但是我有着也许他们一辈子都没有的经历，这就可以扯平了。所以我觉得，在人生的任何一个阶段，我们必须找到自己的立足点，在这个立足点上努力地学习。

坦率地说，一开始我在清华学习的课程并不是大课，跟不上，只能先补习一些基础的课程，尤其是英语课程。当我上第一堂课的时候，清华老师问我，你的英文大概是什么水平？我回答说是零。他说，那你会读会写吗？我说不会。他说，你先试着写一下二十六个字母吧。结果，我把能想起来的二十六个字母的大小写一块儿混着写出来，还是没写全二十六个字母。这是我在清华的第一节课。老师也明白我是什么水平了，那么一切从头开始，一切从零开始。

我不会，但这不能把我吓倒。因为任何事情，你都是从不会到会，从会再逐渐去感悟和提炼，成功的规律，一定是这个过程。我们在生下来的时候会做什么呢？不也都是一点点地学的吗？所以并没有什么可怕的。很多人问我，你害怕转型吗？我说，有什么好怕的呢？因为从一生下来你就不会，不都是一点点学习的吗？所以说今天的成功不等于明天的失败，但明天的失败也不等于后天不可能成功。

刚开始学英文的时候，特别艰难。尤其是背单词、背句型、学语法，非常枯燥，找不到很好的学习方式，只好依靠死记硬背。后来，我发现自己的耳朵比较好，有利于听力，而且语言表达能力比较强，所以我决定从这儿突破。于是我开始采用听和说的办法来学习英文，效果比死记硬背更好。学习方法特别重要，能不能快点儿找到适合自己的学习方法，决定你的学习效果。

在清华读了一段时间，我被中国奥委会推荐到国际奥委会，由萨马兰奇任命为国际奥委会运动员委员会的成员。第一次去开会的时候，所有委员都讲英文和法文——国际奥委会的两种官方语言，整个会议只有我是带着翻译去的。在别人讨论问题的时候，我因为依赖翻译的原因始终慢了半拍，交流很困难，感觉自己就像一个局外人一样。这件事给了我很大的刺激。

作为一个中国运动员，我们要积极地为亚洲国家、第三世界国家的运动员争夺更多的利益，让更多的人了解到我们这些运动员还需要国际体育组织更多的帮助，让发展中国家运动员能够有更好的运动成绩。如果你都没有办法融入这个组织，没有办法发挥作用的话，那你显然不能很好地履行职责，这个会让我受到了很大刺激，我无论如何都应该先把英语拿下，然后去学习和了解国际奥委会的运作模式和一系列制度。

开会回来之后，我开始拼命地学习。我必须争一口气，不但要在乒乓球上拿冠军，同时在其他领域为更多的人带来帮助和制定好的政策。很快，清华老师决定把我送到英国去。一开始在英国的生活特别不方便，我连最基础的英文都没学会。我是1998年第一次出国留学的，我的英文水平就连拿着现金到银行都存不进去，在邮局寄点儿东西、写封信的能力都没有，语言无法过关。

后来，国际奥委会在葡萄牙开会，中国奥委会建议我在上面作一个发言。他们帮助我写了一篇很短的稿子，只有一页纸，但对我而言非常困难，因为大部分词汇我都不认识。为了这次发言，我请了一个私人老师，把这篇文章的发音一词一句地录下来。我用字典全部翻译出来，标上音标，然后跟着老师的录音带一遍遍地学。一张纸的讲稿，不超过五分钟，我跟着录音带学习了一个月。

会议在里斯本召开，萨马兰奇主持会议。我讲话的时候，他的表情很惊讶，本来以为我会带着翻译上，结果我开口就用英文讲话。他一直在笑，直到我的讲话结束。他是最后发言的，他说，邓亚萍才学习了三个月英文，今天能够不用翻译完成一个讲话很不容易，大家应该给她祝贺的掌声。

不要抱着曾经，要有归零的决心

我想说，尊重是靠自己的实力去争取的，不是别人给予你的。所以在这样的一个经历当中，我逐渐地觉得学习虽然很艰辛，但还有一点点信心，觉得自己并不是那么笨。我虽然笨，但是我愿意以勤补拙、笨鸟先飞。这是公平的，你聪明，我多干点儿，咱俩可能也会扯平，但到了最后的时候，是不是你真比我聪明，那倒不一定了，因为功夫不

负有心人。

我去剑桥攻读语言的时候，正好经历了一次剑桥大学的毕业典礼，这个典礼给我留下了深刻印象。整个镇所有教堂的钟声响起，所有学生穿着礼服，从不同学院走向礼堂，这在国外的文化里是重要的仪式之一。家长、同学们尤其高兴，我推着自行车站在那个小镇的礼堂旁边，足足看了一个多小时。我十分羡慕他们，也为他们感到高兴。我想，什么时候我也能读剑桥？然后马上自我否定了，因为我才开始学习语言。看来这辈子不可能了，还是下辈子再说吧。

后来，我发现机会来了。在清华拿到学士学位之后，我又到诺丁汉大学攻读了一个硕士学位。拿到硕士学位的时候，我找到了攻读剑桥的自信，开始希望能够到剑桥读一个博士学位。知道我这个想法之后，我的亲人、朋友、老师都劝我放弃，他们觉得读剑桥太艰难了，而我名气这么大，万一读不成的话太难看了。我一开始也有些犹豫，但我觉得我这辈子的机会来了，我为何要等下辈子呢，所以依然坚持去攻读剑桥。

为什么读剑桥，我跟我的朋友、老师、亲人讲，在国外读学位，尤其是名校，它是不会送给你一个博士学位的。读一个博士学位最少需要三年，时间对于人生来讲是最宝贵的，我为什么不读一个最好的呢？当然了，我不得不考虑万一不行怎么办，任何一次努力只有一个结果，输或赢，我们尽可能地去选择那个好的结果。在选择的过程当中，要能够把握住自己，要时时刻刻记住一句话，那就是命运掌握在自己手里。

我在剑桥学的是Land economy，翻译过来叫土地与经济系。准备奥运会的时候，当时是2003年，我们要去筹措大量资金，就是要做大量的市场开发，减轻国家负担，利用更多的市场资源帮助我们办好奥运会。我积极地参与了这个部分的工作，走访了大量跨国公司的CEO，包括一些做市场开发、市场营销的人，以至让我最后的博士论文定位在了什么地方呢？奥林匹克品牌的商业价值。

为什么要研究奥林匹克的品牌商业价值？大家知道奥运会讲的是奥林匹克精神——更快、更高、更强，是什么在推动着奥林匹克运动蓬勃发展？是商业模式。奥运会市场开发无疑给我打下了非常好的对于商业运行、企业管理、品牌运作这些方面的理论和实操上面的研究基础。在奥运会当中，大家不要简单地认为这是一个体育比赛，其实奥委会对每一次奥运会的各个项目都会进行严格评估，通过多个参数、多个指标对项目进行评估和排序。哪个项目是最受欢迎的，哪个项目是最不受欢迎的，那么就要淘汰这个最不受欢迎的项目，然后将现在年轻人最喜欢的项目引进奥运会。因为他们知道抓住年轻人就是抓住了未来；抓住了未来，奥林匹克运动才能更好地蓬勃发展。所以不要讲一个奥运会都是以用户为主导的，更不要说今天的互联网。

在我没进入这个行业之前，我拜访了多位这个行业的专家、学者、老师，还有业界的“大牛”，包括李开复、张朝阳、马云、曹国伟，可以说没有一个我没拜访到的。在这个过程当中，他们确确实实给了我非常多的建议和意见，也泼了非常多的冷水，因为我们毕竟还很年轻。我进入这个行当时间也不长，可以说就是一个学生，要向老师，要向“大牛”们学习，因为我相信只要你肯低头，找到老师找对人，他一定会教给你他最宝贵的经验。所以我想，我今天作为一个互联网公司的CEO（首席执行官），最重要的是定战略方向，其次找到跟我们同甘共苦、能够创业奋斗的一批精英，然后带领大家勇往直前。

在人生的道路当中，最重要的是要不断地完善自己，要不断地归零，我们要有归零的决心，不要抱着自己的曾经。我们要在不同的阶段，想到自己要从零开始。那么要保持一个什么态度呢？勇往直前、拼搏向上的精神。在拼搏的过程当中，一定会遇到困难，我们该怎么办？我们要有忍耐力。你的忍耐力有多强，你的成就就会有多高；你的承受力有多大，你的成功就会有多大。所以我想借用我看到的一个网友的微博，来结束我今天的演讲。他说，你如果想成为一个一般的人，你肯定只会遇到一般的问题和挑战；如果你想成为拥有最好生活的人、最成功的人，你一定会遇到最大的挑战和最大的困难，最后成功与否取决于你自己的态度。谢谢，谢谢你们支持我的演讲。

邓淯文（青年代表）：

我曾经是2008年北京奥运会上海地区的赴京志愿者，当时就感受到奥运健儿们的奋斗和拼搏精神。现在我离开校园，初入职场，我想您也经历过赛场、考场还有职场，您觉得哪个更辛苦呢？

邓亚萍：

哪个都辛苦，尤其是读博士的第一年。当时，我一边工作一边读

书，而且那个时候正好是奥组委开始启动市场开发计划最忙的时候，最后不得已，我请了二十天的假，在外头订了一百个饺子，把自己封闭在家里头，手机关机，把电话线拔掉，闷了二十天赶一份报告。赶完了以后，我又飞了一趟意大利。到意大利开一个国际奥委会的会，开完会上了飞机，我整个脖子带后背不能动了，因为原来有伤，再加上太劳累了，到了北京就一直这样僵着，连躺都不能躺。进了医院以后，运动医学界泰斗级人物徐大夫一碰我，我就哭了，他说："哎哟！你哭了啊！看起来你是真疼了。"我整整住了十天医院，也是我第一次住这么长时间医院，就是因为赶这份报告。哪一个阶段不苦？读书、打球，还是现在的工作？确实我曾经成功过，但不等于现在成功。现在从事的工作对我来讲是全新的、巨大的挑战，可以说我从进入这家公司开始，比所有同事工作都玩命。我每天早晨八点钟进办公室，两年了，晚上十二点钟之前没回过家。那你说这叫苦吗？这是我必须做的，根本不叫苦。

万晨仙（青年代表）：

邓老师您好，我是一名帆船运动员，曾经获得过亚洲冠军。我们运动员不是经常讲一句话吗，没拿成绩之前从零开始；拿了成绩以后，还是从零开始。我现在在做城管工作，我对于现在这份工作不是非常满意，很多时候找不到自己的方向。您对我这样的退役运动员，这样的情况有没有什么好的建议？谢谢！

邓亚萍：

在运动生涯中你专心训练，而别人在读书，一旦退役以后，你又重新回到了一个普通人的生活，一切要从头开始。我自己最大的感受是我们一定要提前规划。我十六岁拿了第一个世界冠军，二十四岁退役，在二十四岁之前的两年的时间，我一直在琢磨，我如果是一个乒乓球教练，我满足吗？不满足，我能做什么？我没有办法跟这些大学生竞争，因为没有竞争力。除了打球之外，我什么都不会，所以我要去学习。我觉得你必须先理清楚，你想要一个什么样的人生，然后你朝这个方向去努力。我坚信一点，任何事情从现在做都不晚。

彭建（青年代表）：

大家好，我叫彭建，可能我有点儿紧张，我可能是十位青年代表当中学历最低的一位，高中没有毕业我就放弃了读书。我现在是一名跑步教练，我有自己的跑步训练场馆，有自己的公司。有一次我们策划了一个寻找赞助商的项目，可能是因为读书少的原因，最后失败了，当时我就觉得特别自卑。邓老师，您有没有自卑过？您是怎样克服自卑心理的？

邓亚萍：

其实我这一路走来，都是这样一个过程。大家看到我最后是最光鲜的，比如拿了冠军，然后读了剑桥，其实在我的每一次转型过程中，都被别人认为是不可能成功的一个人。我十岁的时候，虽然拿了河南省的冠军，但我却进不了河南省队，唯一一个理由就是个子太矮，以后没有发展前途。怎么办呢？我要通过自己的努力，比别人付出更大代价，那就是别人可能是一步过去，我要两步过去。这意味着什么？我要比别人跑得更快，我要用实力去证明自己，到最后，河南队的教练不得不请我代表河南省队参加国内最高级别的全国锦标赛，然后取得全国冠军。我知道很多运动员可能没有读这么多书，没有关系，只要你用心去补那个短板，我相信一定能成!

朱玥桦（青年代表）：

邓老师，您刚刚说到二十二岁就开始规划自己的人生，但我感觉您后面每一次转型动静都特别大，而且没有什么关联性，我想知道您的人生规划是没有关联性的吗？还是每个阶段会有每个阶段的规划？

邓亚萍：

规划很重要的一点在于，你有什么样的能力以不变应万变。我可能不知道下一个工作会是什么，但不管我做什么样的工作，或者什么机会到来的时候，一定会有准备，所以你要去做好那个准备，而不是打无准备之仗。人生规划很重要的一点是长各方面的本事，让自己能够在更多机会来到的时候，把握机会，取得成功。

朱玥桦（青年代表）：

现在的教育都是让我们发挥自身的优势，邓老师，您的每一次转身，都让我们觉得你转去了一个不能发挥自己优势的方向，甚至可能有点儿条件不足的那个方向。我想问一下，您是不是一个特别爱跟自己较劲，越是不行越是要证明自己行的人？

邓亚萍:

这个问题很尖锐。我觉得如何面对挑战，面对困难，其实是一种生活态度。你如果把它看得很难，你一定无法逾越它，我认为做任何一件事情，都有规律可循。你打乒乓球，你需要大量训练，训练完了，打好基本功了，你开始出去比赛，逐渐地积累比赛经验。一定要经过这样一个过程，最后你才能达到顶峰。你如果掌握这样一个规律，做任何事情前先去训练，打下一个扎实的基本功，你才有实力参与竞争。我们一定要学会怎么样通过学习掌握一套方法。掌握了这个规律，其实你就掌握了人生的主动权。

朱玥桦（青年代表）:

因为你刚刚说命运是掌握在自己手中的，我就想到一个问题，有一种说法叫“既生瑜，何生亮”，就像在邓老师您那个时代，所有打乒乓球的人，他们永远不可能抢第一，只可能抢第二，像这种人，她们可能也不是不努力，那么对于这种人该怎么看待呢?

邓亚萍:

我觉得竞争是公平的，付出多大代价就会取得多少成绩。我相信我们很多队友训练得很刻苦，而且也取得相当好的成绩，这不等于说我把冠军全拿完了，人家只能拿亚军。其实每一场比赛都是非常激烈的竞争，可能赢的也就是两分而已，但是我纠错能力比较强，过后我一定会总结，我怎么输了那几分，不断地自我纠错，这样才让我保持勇往直前的劲头。

撒贝宁：

我曾经看到过一个记者采访跟乔丹同时代的NBA球员，说你们会不会觉得很不幸，生活在乔丹的阴影下，一下拿六个总冠军，你们永远没机会。这个球员说，我的球确实打得很好，但是永远不像乔丹那么出神入化，我很难想象如果没有乔丹在篮球场上，篮球将会变得多么乏味和无趣。我感到的不是遗憾，而是我很幸运能和英雄生在同一个时代。所以我觉得尽管在一个体育竞技场上，永远站在第一名那个台子上的可能就一个人，但却是所有的人共同构成了那个时代的辉煌。

温馨（青年代表）：

我是一个大三学生，读新闻传播专业。我在想，明年就要毕业了，大家削尖了脑袋要进那些看起来光鲜亮丽的行业，但很多人其实并不明白自己为什么要进这一行。我特别佩服邓老师，您好像特别知道自己要什么，能在别人都选择当教练的时候，您选择出国留学。我想问一下邓老师，您当初在作选择的时候，究竟是听从自己内心的想法，还是受别人的影响更多呢？

邓亚萍：

原则上来讲是这样的，就是我在作一个决定的时候，一定会充分地跟大家去交流，跟我身边最亲近的人、我的家人、我的好朋友、我的老师，一切可以信任的人，敞开了谈，等到听了一圈以后，答案自然就出来了。就像我选择剑桥这件事，这是个极端案例，绝大多数人都不同意，但我执着，因为我有了那样一个画面，有了那样一个梦想，我想要在这辈子把它完成、拿下，所以我非常坚定、坚持这个选择。

茅晓锋（青年代表）：

邓老师您好，我现在在上海交通大学学习信息工程，所以对您的搜索引擎很感兴趣。您之前有说过请教一些互联网的名人，比如李开复、张朝阳，但是您现在啃起了搜索这块硬骨头，等于是开始跟他们竞争了，那么在您自己看来，您跟他们比起来有什么优势，区别又在哪里？

邓亚萍：

非常好的问题。我觉得优势在于后发优势，因为我是一个后来者，我不用再走这些前者走过的道路，而是在他们的基础上去总结最有效的方法，让我迅速赶上他们。那么怎么样在这种完整的格局下占有自己的一席之地呢？这需要我们不光在产品上，还要在技术上有所突破，尤其是应该有自己独创的、更有创意的产品出现。我们刚刚推出了“食品安全曝光台”这样一个搜索产品。我们要履行社会责任，我们要倡导企业履行社会责任，就是要这些不法分子没有地方去，我们就要揭露他们，让大家能够吃到放心安全的食品。

郎朗：指尖上的青春

郎朗，国际钢琴巨星。从沈阳到北京，从中国到世界，他创造了许多第一与唯一，堪称世界乐坛的一个奇迹。他改变了西方对中国的看法，原来中国人弹钢琴也可以弹得这么好！他改变了流行对古典的看法，原来古典音乐也可以成为另一种流行。郎朗的音乐才华和他热情奔放的性情相得益彰，他成为古典音乐最理想的诠释者和年轻人心中的榜样。他把成功的三要素——天才、勤奋、机遇完美地融合在一起，他的奋斗历程更是激励无数年轻人，搏击人生、追求卓越。

十三年前在芝加哥拉维尼亚音乐节上的一场临时替代演出，让十七岁的他一举成名。如今三十岁的郎朗以音乐而立，从琴谱到指间，从练琴房到竞赛场，从辉煌的音乐厅到创办音乐学校，他的青春在指尖上飞扬，他的梦想与琴键一起飞翔！

猫与老鼠

亲爱的朋友们，大家好，我今天感觉很轻松，因为今天不用怎么弹琴了，以说话为主。很高兴今天能与这么多年轻的朋友一起分享我的生活。我感觉还不算太老吧，刚到三十岁，终于不“二”了，首先我想为大家演奏一首我小时候最喜欢的乐曲，这首曲子促成了我想当钢琴家的梦想。这首曲子可能很多年轻的朋友都熟悉，来自动画片《猫和老鼠》。

在我一岁半的时候，父母给我买了一架特别小的钢琴，那是我拥有的第一个小钢琴。当时看动画片的时候，我看到Tom猫穿着一件很长的燕尾服，而且做了一个非常酷的动作，在舞台上面开始演奏。它的演奏非常漂亮，有非常好的驾驭能力。我也开始学着Tom猫的样子，学习弹琴。

我父母都非常喜欢艺术，我爸爸曾经学过二胡，是沈阳一个省空文工团的首席二胡演奏员。我母亲年轻时，特别喜欢唱歌、跳舞，可以说我是长在一个具有浓厚音乐氛围的家庭里。当时，我家附近几乎所有的孩子都在学钢琴，那是中国改革开放以来的第一个钢琴热。

1984年左右，我跟着爸爸学钢琴，但我觉得他的钢琴弹得不好，还是更擅长拉二胡。后来我提出不跟他学钢琴了，让他给我找钢琴老师。三岁半的时候，我有幸跟着我的第一位老师——朱亚芬教授学习。那时候我住在空军大院，特别崇拜军人，所以对空军和海军的军装非常感兴趣。第一次见到我老师的时候，我穿着一套白色的海军军装，戴着一顶白色的帽子，还拿着两个玩具枪。他问我："你是来做什么的？"我说："我是来弹钢琴的。"他说："那行，你先把玩具枪放下，再弹钢琴。"后来朱老师让我考试，跳舞、弹琴、唱歌，我小时候唱歌还行，现在不会唱了，只会弹琴。老师说："我特别喜欢你的表演天赋，我愿意教你弹钢琴。"

我第一次开音乐会的时候，弹了几首特别好玩的曲子，肖邦的圆舞曲、巴赫的小步舞曲等。演奏会前一天晚上，我不停地上厕所，睡不着觉，觉得特别紧张，但又觉得特别好玩。那是我人生中非比寻常的记忆，从后台走到台前那一刻，我感觉特别温暖。我在钢琴前坐下来，开始演奏了。

我第一次感觉到在家里练钢琴和在台上的表演不太一样，在台下只有一种练琴的感觉，在台上我有一种和大家分享音乐带给我们快乐的感觉。因为这种不同寻常的感觉，我开始立志当一个钢琴家。那时候在台

STEINWAY & SONS

上表演钢琴是要化妆的，后来看我小时候的录像，我发现我第一次在台上演奏的时候是猫人的模样。

玩具狗

开始入行的时候觉得很好玩，但后来我有一段时间特别后悔学钢琴。当时我才五六岁，每天都必须弹琴四五个小时，上学以后简直就是每天起床吃饭学钢琴，特别折磨人。其实最折磨的还不是我，而是我的邻居，我记得从来没有邻居喜欢过我。在台上你们听到的曲子都很好听，但是在练琴的时候不一样，很枯燥、很难听。我的邻居实在受不了，在我练音阶的时候放着声音很大的流行音乐，其间夹带着我练琴的声音。

后来在我的家乡沈阳，我已经小有名气了，经常上台表演。我七岁的时候，第一次参加一个全国钢琴比赛，信心十足，结果只拿了第七名，当时心情一落千丈。我记得第一名的奖品是一架钢琴，第二名是一台电视机，我拿到的是一只玩具狗。我看着那只玩具狗，觉得特别委屈。回到沈阳的时候，我带着玩具狗去见我的老师，我说这是我的奖品。老师说："你应该把这只玩具狗当作你最好的朋友，当成一个激励你的目标，不要因为失败而痛恨它，失败对你来说也是一件非常好的事情。"后来我把那只玩具狗摆在钢琴上，时刻激励自己。

过了两年，我父母作出了一个非常艰难的决定，我母亲留在沈阳工作养家糊口，我父亲辞掉工作陪我去报考中央音乐学院。当时我父亲在公安局工作，有着一份不错的薪水。他们当时没问我的意见，但我知道学钢琴需要很广泛的知识面，我们确实需要到一个更大的平台去学习。搬家的时候我觉得很难受，毕竟要离开自己熟悉的环境了，走之前我在练贝多芬的《月光》奏鸣曲。

火车缓缓地离开沈阳的时候，刚九岁的我在火车上哭了一个多小时。我知道，这意味着我要为了自己的音乐梦想开始背井离乡的生活。所以在很长一段时间里，我一直没有恢复到小时候比较活泼的性格。在一个新环境里，很多事情都特别困难，包括我在北京的第一位老师也没有找对，我们之间在各方面都有问题。所以在最初半年多的时间里，我觉得自己的压力特别大，对自己很失望，也对钢琴很失望，对新的生活很失望。

七个月之后，这个钢琴老师决定不教我了。他说："你肯定不会成为钢琴家，你们这种决定是莽撞的，你没有未来，我建议你们打道回府，学点儿别的东西。"这时候离中央音乐学院的考试日期只有一年时间，对我打击很大，很长一段时间我都不想练钢琴。我当时在想，如果钢琴给我们带来的是痛苦，带来的是迷失，那为什么还要去学？我小时候之所以喜欢弹钢琴，那是因为音乐给我带来了一种生命，一种我渴望得到的精神。一个人在迷失了方向的时候，也就失去了精神，这个教训我一直牢记着，不管出现什么困难，都不能失去方向和精神。

在那几个月内，我一直在不想弹钢琴的状态里。当时还没有考进中央音乐学院，我在北京一个小学校的合唱队里当伴奏。那时候学校

没有钢琴，只有非常古老的风琴，一边弹琴还得一边踩踏板。我当时的待遇还可以，老师专门派一个小朋友给我踩踏板。我又开始慢慢喜欢音乐了。很多同学因为我说话的东北味儿浓而瞧不起我，每次念课文的时候，我都是低着头念，我每念一句话，大家就狂笑，所有的小朋友都说来了一个东北老帽儿。到合唱队当伴奏之后，重新找回了一些自信，也让其他小朋友觉得我在音乐上为学校作出了小小的贡献，不再取笑我。他们开始跟我做朋友，也鼓励我去考中央音乐学院。

后来我跟了一个新老师赵平国，七八个月的时间，我的进步非常大。考试的时候，我的老毛病又犯了，害怕自己考不上，晚上不停地上厕所，成天做噩梦。我记得有一次，我梦到自己第一轮就被刷了下来，大红榜上没有我的名字。当时的考试就像古代考试一样，大红榜上没有你的名字，就证明你被淘汰了。我经常梦到大红榜的颜色鲜明。很多年后，我作为联合国儿童基金亲善大使到非洲探望小朋友，那个地方有疟疾，所以我们必须在去之前打一支预防针。晚上我又开始做梦，也是大红榜的颜色，但不是那种猩红，而是凡·高画里的那种颜色。这是我人生中做过的两次比较奇怪的梦。

当时否定我的那个老师是主考官之一，我开始担心他见到我之后又把我给淘汰下去。做梦的时候，他变成了魔鬼，走到我面前，说："你别弹了，下去吧。"考试前一天晚上我没睡好，很紧张。走进考场的时候，我先是见到了那位老师，然后见到了我的赵老师。那天我弹得非常有感觉，可以说把在北京学习的酸甜苦辣的情感都弹了出来。后来终于考上了。

考上中央音乐学院后，我刚回沈阳就病了。在医院里躺了两个星期，我的所有小学同学都来看我，当时觉得特别温馨。我在后来走的路上，每次想到故乡的人对我的期盼和热情，就感觉无论如何都必须走下去，不要害怕困难。

接着，我在北京度过了五年非常难忘的时光。在中央音乐学院学习期间，我赢得了两次国际性钢琴比赛的冠军。十四岁的时候，我出国留学，出机场的时候，我对着国徽说，我绝对不会让中国失望。在很长一段时间里，我都没有回到国内，第一次回国是我十九岁的时候，跟着费城交响乐团到了北京。

燕尾服

在美国，我开始觉得学习轻松了一点儿。我在国内的时候数学成绩很一般，到美国的高中后，我的数学考试每次都是A，居然还有一个高中老师劝我好好学数学，以后在科学方面肯定会有一些成就。我的老师加里·格拉夫曼是我最崇拜的钢琴家霍洛维兹的学生，也是美国最著名的钢琴家之一。我们第一次见面的时候，他问我："你来美国要做什么？"我说，我要把全世界钢琴比赛的冠军都拿下。他说："你不觉得很可笑吗？"我说："为什么可笑？我在国内的时候，每天都要参加比赛，不管赢还是不赢，都要参加比赛。"

他说："你真正想做的是什么？"我说："我想当钢琴家。"他说：“你为什么要当钢琴家？”我说：“我只有拿到第一名才能当钢琴家。”他说：“你太功利主义了，你肯定不是为艺术而当钢琴家的，你应该真正地把本领学到，真正提炼这些艺术大师的造诣、经验、精华。当你拥有的时候，你就会自然地成为一个钢琴家。”

他的这句话对我的教导非常大，虽然我当时不太赞同他这句话。我说：“那好吧，那我先好好练琴，但是过一年以后你得让我去参加比赛，我光在家练琴，很难受。”他说：“你要是发展好的话，过一年就可以去弹Concert，开音乐会去了。”当时我就觉得他说的话都是梦话，怎么会有这样的事呢？这跟我们在国内学到的知识都不一样，我们必须赢得国际大赛，才能在世界上有所作为，这都是我从小被灌输的思想。我爸当时也在，我爸说你肯定没听明白，他肯定是说你所有比赛必须得第一名才行。

在美国，除了练钢琴，我还学习了很多好玩的西方文化。一年半的时间里，我跟着我的老师学习了三十五首钢琴协奏曲、六套钢琴独奏曲。那时候我开始慢慢感觉到老师所说的艺术的重要性。他说：“艺术是永恒的，而不是一时的，如果你的实力不能达到这样一个阶段，就算你很幸运地出名了，你也会在很短的时间里摔下来。”他说很多少年成名的所谓音乐天才下场都是这样的，所以他要求我扎扎实实地去学习。

1999年夏天，我很幸运地去给指挥大师艾森马赫弹琴。其实艾森马赫每年都来中国，在国家大剧院、上海大剧院等著名音乐厅，为大家带来经典的交响乐、钢琴曲。当我看到他的时候，很紧张。我以前见过很多指挥大师在考试的时候说，你太年轻了，才十几岁，还有比较歧视

的，说中国人搞什么古典音乐。所以我见到这位大师的时候，很害怕。他是光头，带着德国口音说："What do you have?（你有什么曲子？）"我的曲目量还是很大的，我说："你想听什么，我来演奏。"然后我说我会演奏Brahms、海伦、Beethoven、Mozart等等的曲子。结果他让我弹勃拉姆斯的，大家都知道勃拉姆斯的曲子是那种比较优美的曲子，而且很有深度，他就想看看我这个小孩儿弹勃拉姆斯的曲子弹得怎么样。我当时坐下来就弹了一曲。他后来又让我弹了很多曲子，大概弹了两个半小时。

第二天我很晚才起床，我的经纪人特别激动地叫醒我，让我立刻穿衣服去机场。我还以为出了什么事情，他说，芝加哥交响乐团想让我当第一替补。我当时不敢相信，因为我之前一直都是当七八替补的。他说："昨天你弹的那个曲子，指挥大师特别喜欢，他让你现在就去弹柴可夫斯基的《第一钢琴协奏曲》，替补安德列瓦茨，就在世纪音乐会上弹。"我跟我爸赶紧往机场跑，当时特别兴奋。

在那天晚上的音乐会上，介绍我出场的是美国最著名的音乐大师斯特恩。当时他的一席话，对我的鼓励很大。他说："现在，安德列瓦茨马上就应该出场了，但是他今天来不了了，替他出场的是一位十七岁的中国少年，他将为我们演奏柴可夫斯基的《第一钢琴协奏曲》，有请郎朗。"我当时穿得很隆重，是Tom猫的那款燕尾服。我一辈子都没有见过那么热烈的场面，也没有听过那么响的掌声。当最后一个音还没有完全消失的时候，全场起立鼓掌，掌声持续了大概有七分钟。所以我坚信，机会永远留给有准备的人，只要你准备好了，机会就会来。

人生不只是弹钢琴

从十七岁到现在，我每年活得就像做梦一样，真的，像做梦一样。以前不敢聘用我的乐团和音乐厅，都同一时间发起了邀请。当时我确实觉得机会太重要了，因为对我来讲，我弹得差不多，但是当我站到舞台上的时候，将全身心的感情投入进去以后，我会得到比我想要的多得多的东西。

2001年我第一次回国表演。在我兴致勃勃地参加媒体见面会的时候，一盆冷水马上泼了过来。所有人都说："你怎么会出名呢？你又没比赛，又没有获奖，怎么费城代表团会带你来呢？有问题吧，这里面是不是有水分？"我当时心里很难受，我说："可能是我比较幸运吧，但是我希望大家在这次音乐会中能感觉到我的进步。"

2001年，我和纽约爱乐乐团还有马泽尔大师在北京演奏拉赫马尼诺夫的《第二钢琴协奏曲》。那次以后，我感觉到祖国的观众已经完全欢迎我回来了。在很长一段时间里，我觉得生活是很美好的，但同时也有点儿空虚，直到2004年的一天，我因为音乐会开多了，手臂拉伤，临时取消了三个礼拜的音乐会，当时我特别难受，好像梦想刚刚实现，突然手就受伤了，我不知道会有什么样的未来在等待着我。

但就在这三个礼拜里，我认识到人生不只是弹钢琴。当时我的文化课老师是加里·格拉夫曼，他是专门教文学的，在宾夕法尼亚大学教文学和历史。我跟着我的老师学习西方文学史，学习莎士比亚。我看《哈姆雷特》的原文，是那种比较古老的英语，看得我头昏脑涨，但是他以一种很自然的方式让我去演绎每一个角色的对话。我看完《哈姆雷特》以后，再看《罗密欧与朱丽叶》，然后再看《凯撒大帝》，接着看有关西方文学史的其他书。这让我一点点地感觉到，在弹琴的时候，有更多的内容可以去发挥，更多的素材可以再去创造。当时，我第一次看了Britney Spears 的演唱会，也看了很多流行歌星的现场音乐会和很多美国的百老汇剧。在这三个礼拜里，我深切感受到，人生不能只埋头弹钢琴，一定要活得丰富多彩。

当我下定决心要改变单调的音乐生活时，我非常幸运地成为联合国儿童基金会的亲善大使。去非洲探望儿童的时候，我改变了很多想法。我以前认为音乐，尤其是古典音乐，可能很难大众化，只是一个非常小范围的分享，但是在非洲那些儿童身上，我看到了美妙的音乐会震动所有人的心灵。不管你的背景是什么，不管你的国家是什么，不管你的文化是什么，我们都会通过优雅的音乐来展示我们的世界观。所以自那以后，我就梦想着有一天能建立我自己的基金会，建立自己的音乐学校，培养下一代音乐家。

2008年，我在纽约成立了我的第一个非营利性组织，就是我的国际音乐基金会。现在我们每个月都会在全球开百名琴童的演奏会。两个星期前，我在德国柏林，邀请了五十名从全球二十多个国家来的小朋友，包括中国。在那天的音乐会现场，我们演奏了贝多芬的《命运交响曲》。当时那首曲子、那种交响乐被钢琴协奏出来的时候，我被这种共

鸣感染了、震撼了。

在演奏钢琴的时候，我们经常是一个人。不管做什么，如果没有互相交流心灵的话，我们的力量太单薄了，什么也做不成。所以我希望在未来的日子里，我能和更多的有同样梦想的朋友一起，通过弹奏钢琴为世界创造更丰富的色彩。

余庆杰（青年代表）:

郎朗您好，在我家里，我和我父母都非常喜欢您。但可能对于我父母而言，他们会更加喜欢您的父母。因为在我们这个练琴的圈子里面，您的父母就是楷模。我想请问一下，您的父母教育您的时候，是以什么样的心态来使孩子更加有效地提高艺术造诣的?

撒贝宁:

所有的父母都希望孩子成为郎朗，而所有父母都希望自己成为郎朗的父母。他的问题问得很委婉，我翻译得更加直白一点儿：你的父母让你练琴的时候，有没有功利主义思想?

郎朗:

这么说吧，我父母，尤其是我爸，肯定有功利主义思想。确实是这样，每天都要考试，每次比赛都是有分数的。如果学钢琴的琴童真正想发展成为一个职业钢琴家，态度必须改变。我们是因为热爱艺术，拥有一个长久的艺术观而去学习钢琴的，而不是因为非要赢得比赛，非要得奖，多拿奖金而学习钢琴的。做什么都要把握好平衡。我看到很多国家的人，比如说美国人教育孩子的方法是让孩子完全走出去，自己去闯天下，这样不行；我也看到过很多人使用压迫性很强的方法教育孩子，最后也没有成功。我觉得还是要折中，家长要做正面引导，防止孩子走错路，但最后那一关还是应该留给孩子自己去闯。

撒贝宁：

中国的孩子从小习惯了竞争，从小学到大学，甚至到找工作，一直是在竞争、在考试。学钢琴的年轻人也一样，在他们的心目中，成功的办法就是考试。参加比赛，这是唯一能证明自己实力的方式。你看金庸描写的那些绝世高手，都是把天下所有的高手都打遍了、打败了，就是天下第一了，但其实不一定。

葛子楠（青年代表）：

我是三岁半开始摸琴的，一直到小学五年级，但我考完十级之后就不再练了。我爸爸妈妈当时的想法，和现在很多准备走专业道路孩子的家长一样，就是为了培养孩子的兴趣。我想问你：你把钢琴当成一个长久的事业，而现在你已经三十岁了，你只接触了这一样东西，你是幸福多于遗憾，还是遗憾多于幸福呢？

郎朗：

当时我在国内，在音乐学院学习的时候，我父母也非常重视我的文化课。我认为，不是说你弹了琴别的都不能干了，都应该放弃。这是一个错误的想法，音乐和生活是完全可以结合在一起的，不能因为我们学了钢琴，其他什么都不能干了，那样会一事无成，钢琴也学不明白。

魏然（青年代表）：

您好，我是在音乐行业创业的一个学生，我想问您一个问题，就是现在大家都知道您已经是国际上最著名、最有影响力和商业价值的钢琴演奏家了，您每年有上百场演出，有十几个商业代言，很多人会怀疑您会在商业活动中迷失自己，然后成为一个赚钱机器，您对这种质疑是怎么看的?

郎朗:

你提的问题非常好，确实需要稍微说一下。很多人在弹贝多芬作品的时候，大家并不是因为喜欢他的音乐才去听的，而是抱着一种看热闹的心态。我们必须要集合喜欢音乐艺术的人，这样的话，我们才能在世界各地听到柏林爱乐乐团的声音，听到维也纳爱乐乐团的声音。我当时起步的时候，每一场音乐会都是亏钱的，哪会有那么多观众喜欢。所以说，我们要看到一个现实，一个成名的钢琴家，应该通过自己的影响力凝聚这些热爱艺术的人，一起来推下一代，来帮助更多的观众，要通过不一样的展示，让他们喜欢上这门艺术。

撒贝宁:

艺术也得有生存下去的基础。

欧文杰（青年代表）：

你好，我是复旦大学法学院三年级学生欧文杰。我今天好奇的不是郎朗的成功，而是您在十七岁那一场音乐会之后，有如此大的转变。在这个转变的过程中，您是如何适应这些突如其来的变化的？

郎朗：

第一年巡演的时候，我非常难过，因为每天都住在宾馆里，每天都在飞机上或者火车里，很不适应。而且老师说的话被验证了，协奏曲来回换。如果没练好的话，我想自己上台可能就被吓死了。所以在最初两年，我确实是挺担心的，不过还好，我爸每天都能陪着我去巡演。心理上的教育很重要，有时候人的能力是有的，但可能会怯场，或者对自己突然缺乏信心。迷茫的时候，要赶紧去改变自己，结识一些新朋友，认识一些对人生有很有帮助的老师，这样就感觉自己的心胸宽广了，不会觉得那么难受了。

马潇（青年代表）：

你好，我叫马潇。在听您的故事时，我最有共鸣的其实是您对第一名的不懈追求，我自己在学业当中也是永争第一的。我从初中到大学都是这样，就是研究生也是保送的。我觉得对于青年人而言，进取心是非常重要的。您现在在音乐领域已经取得了这么多辉煌的成就，那您对第一是否还如当初那么向往？在您心目当中，成功又是怎么定义的呢？

郎朗:

以前我想在所有同学里面争第一，在参加比赛的时候想做最好的。现在觉得这个实际上没有太大意义。我认为，一定要做到自己的最好，把自己最好的状态诠释到音乐中去，或者让自己处在演出的状态中。这就已经够了，大家都会看到你的努力。

撒贝宁:

其实郎朗今天的演讲告诉我们一件事，就是不是所有学钢琴的孩子都能成为郎朗，但是所有的孩子至少可以像郎朗一样去努力。既然是一个钢琴家，我想今天我们演讲的结尾不应该用语言而是应该用音乐。应该献给大家一首非常乐观向上的圆舞曲，希望大家遇到困难的时候，用乐观的心态去对待这件事情。谢谢！谢谢郎朗！

《开讲啦》是一个安静的节目

撒贝宁：

《开讲啦》注定不可能大红大紫，它不可能会像《非诚勿扰》《中国好声音》那样，毕竟它是一个安静的节目。

我已经工作十几年了，但生活中还是会有困惑。

我问王潮歌："做第一个'印象'和第二个'印象'，到最后做那么多'印象'，你的感觉还一样吗？"王潮歌回答说自己小时候可以接触到的文学作品以及信息来源不是那么多，她说每次将《人民文学》拿到手的时候，她都会像举行一个仪式一样，洗个澡，舒舒服服地坐在床边，然后摆上零食认真地看。就像现在的年轻人买包爆米花跟自己最好的伙伴或者是恋人去看场电影一样。她说从那个时代开始，她就对这种艺术创作有一种膜拜心态，她的创作灵感和能量始终不会枯竭。

听完王潮歌的演讲，我反思自己，我做《今日说法》，一年

三百六十五期，做了十几年。很多人问我，你做过那么多案例，给你印象最深的是什么？这个问题我可能突然一下子想不起来。

一开始做节目的时候，我把它当成一个个故事，真正去揣摩故事中每一个当事人的情感。每做一期节目，我会觉得生命得到了一次洗礼，会被里面的人物感动，鼻子发酸，眼泪快要流下来了。为什么会慢慢变成了这样？是因为习惯了、更理性了，还是因为什么？

我有时候会担心《开讲啦》这些青年代表，会站在年轻人的层面上来发问，而不是站在自己个人的角度上。这有点儿像《寻宝》节目中，每一个端着宝贝出来的人都说这是我朋友托我带来的，让我来问问专家，其实可能就是他自己的，但他不好意思说。这就是我的问题。

我也是一直在寻找自己在台上的角色定位：我是一个演讲人的同伴，帮他一起面对年轻人的问题；还是站在年轻人这边，和他们一块儿向演讲人发问？后来我慢慢发现我的角色应该是一个自由人，在两者之间充当一个黏合剂。

年轻人的问题问得不到位，我也会帮他们。王石那期，有个年轻人问："您今天这么成功，我们怎么才能拥有您这样的成功？"我当时补充："如果说拿王石先生今天的成功跟你换你的青春年华，你换不换？"那孩子说那他不换。我说："你现在知道你自己拥有的最宝贵的财富是什么了吧？"

有时候我也会挑事儿，使他们之间产生沟通、交流的欲望。这些青年代表，你让他们真正放开了和这些嘉宾争论，甚至像和自己的同学、老师争论一个问题一样，他们可能不太敢。有时候为了这个效果，我尝试了几次，可还是觉得很难实现完全放开讨论的那种氛围。

问：接触这么多青年代表，您觉得现在的年轻人和您那个时代的年轻人有什么区别吗?

撒贝宁：我觉得，随着社会的发展，学生也在跟着时代不断地进步。现在的大学生比起我们那个时候，眼界要开阔得多，对外面的世界了解得更多，而且表达自己内心的想法和观点的能力更强。当然也可能是大学生没有变，变的是我自己的角色。我在上学期间是一个不太用功的学生，我身边有很多人和如今的大学生一样，充满了激情，拥有独立思考的能力，而我上大学的时候并没有用心去向他们学习，和他们沟通交流。

《开讲啦》这个节目给了我这样一个机会，让我在大学毕业十几年之后，再一次回到大学校园的感觉当中，再一次和这么多同学在一起，去沟通交流这么多的话题。跟他们在一起的时候，我感觉自己不是一个主持人，和他们一样是在校的同学，面对自己的人生和未来不断画着问号。和他们一起交流，那种感觉特别像一次回炉充电，能够让我始终充满动力和新鲜感。因为我不知道他们会问什么样的问题，我也不知道他们会对这个问题有怎样的态度、观点和想法，所有的一切都是未知的，包括我们整个节目的进行过程。尽管我们有一个大致的流程和台本，但是实际上当节目真正做起来的时候，所有的一切全是新鲜的，下一秒钟会有什么样的碰撞、什么样的出人意料，全都是未知数。这也是这个节目最吸引人的地方。

问：作为一个知名的主持人，您认为现在的大学生应该如何运用语言的力量，在生活和职场中有一个更好的表现呢？

撒贝宁：不管是在什么时间、什么环境面对什么人，语言的力量始终有一个前提，就是你的真诚。很多时候我在书店和网络上看到关于教人如何说话的教材和资料，但我个人感觉这些往往都是有些功利的，比如说教你在职场上在什么样的环境下怎么样去说话。我不否认说话有时候是需要技巧的，但是更多的时候，当你把注意力全都放在语言的技巧上时，你可能会忘记你最初想要说的是什么。在人和人交流的过程当中，如果对方仅仅从你的语言当中感觉到你的技巧，以及你在面对他时脑海里在思索着怎么样来对付他，怎么样和他的语言捉迷藏、玩游戏，这样的话对方会有一种非常不舒服的感觉。

现在是一个语言也在飞速发展的时代，只要有一两个月不上网，我可能就很难听懂现在的年轻人在说什么。他们用的大量的新鲜词汇是我以前从未听过的，包括在我们节目中说到的“高富帅”“逆袭”，完全像是对暗号一样。现代社会信息爆炸，在这个语言飞速发展、更新速度极快的时代，如果我们丢弃了自己的真诚和语言中的质朴，可能会在交流上出现副作用，对方会觉得我们不真诚，或者觉得我们压根儿就

没想跟他谈话。所以我认为这一点是许多年轻人需要注意的。

问：在《开讲啦》节目中，您的语言风格和以往有所不同，请问哪一个更加贴近您日常语言表达的风格？

撒贝宁：不同的节目形态决定了主持人在节目中不同的语言风格，比如说在法制节目中，我承担的是一个普法义务，要传递的是法律的概念、精髓、理念以及法律包含的社会公平正义的内容，有的时候从语言表达上没有那么自由，或者说是我没有这个能力把这些概念和理念用自由的语言表达出来。我也相信如果真的是对法律和社会了解掌握到一定程度的人，他能用最朴实、最风趣、最幽默的语言把法律说清楚。可能我目前还做不到，所以在法制节目中，我的语言会偏向专业化一点儿，或者更固定程式化一些。但是在《开讲啦》节目中，面对的是年轻人，一个思维极其活跃的群体，再加上嘉宾在之前有一个大概三十分钟的自由演讲，所以一下子就把节目的谈话氛围打开了。这是一个开放式的聊天节目，不是一个封闭式的，为了某一个观点或者是为了证明某一件事情，大家来共同分析和研究的节目。既然是开放式的，那就有无数的可能性，也会有无数的探讨平台。在这么一个自由的平台上，主持人的语言也会有很大的变化。

我个人感觉，我平时在生活中更像在《开讲啦》这个舞台上那样比较随意，不太注意语言的工整，有时候一个玩笑就会提出一个问题。我在生活中更多的是这样的表达方式。

问：我们在冯仑的节目中，怎么看在职场中安身立命和实现理想之间的关系？

撒贝宁：“仰望星空，脚踏实地。”这句话特别能说明年轻人面对未来时的态度。这两点对于一个人的成长来说是必不可少的。首先内心得有一个目标，不能走一步看一步，这样的生活也许会使自己走到一个令自己满意的地方，也有可能使自己走进一个死胡同。

我认为在走的过程中不仅要盯着脚下，走好每一步，也要看着前方，知道自己往哪儿走。也许当你到达这个地方时，发现不是自己原来所设想的地方，那没关系，因为这一路最美的风景你都看过了。在看风景的时候也别忘了脚下，别被石头绊倒了，别陷进坑里去。

现在的年轻人在自己的工作岗位上和人生设计上一定要踏实，别嫌事情小，要一步一步去做，因为你每一步都要走过去，不能飞过去。目标再远大，这个路程你还是得一步一步走，这是一种踏实。你一定要有一个目标，否则你一路走过去还是会觉得非常枯燥无味。

问：您认为《开讲啦》有什么价值，它会有什么样的社会影响力？

撒贝宁：我个人认为在这样的信息时代、全媒体时代，它在带来便利的同时也给我们带来了困惑：怎么去筛选这个信息中有利的，有助于我们的发展、成长，有助于我们这个社会的健康和温暖的正能量

开讲啦

的信息?

我觉得公开课这种形式，不同于我们在校园的课程，但是在我们的节目中，更多的是关注我们年轻人在非常重要的人生道路上，应当去感受和体会的东西，也许不是具体的东西，但是它能给你带来一种精神上的愉悦和对人生的思考。这是这个节目最重要的一点。它教会你怎么去选择你生命当中最美好的东西，在你选择的过程中，自然而然地学会怎么把那些给你带来负面作用的、阴暗的、丑陋的东西挡在你的世界之外。

我觉得这是《开讲啦》节目通过我们的语言、通过传达嘉宾的人生理念和观点，希望达到的效果。

《开讲啦》第一季

制作团队

策　　划：杨　晖

导　　演：张庆龙　田心寅　周彬芳　仝警珂　杨　卉　殷庆彦
秦世清　潘　巧　臧文静　罗　露　祓　子

导　　播：金　旭　黄舒婷

摄　　像：刘灵长　王潇磊　宋亚洲　赵焕然　黄晓冬

灯　　光：顾伟康　洪展达　胡乐乐　周逢春

技术保障：经　琰　陈志刚

音　　频：蒋后好　俞　海　俞晓钧

制　　片：韩　群　李兆安　付卫民　王祥祥

舞　　美：信懿文化

视觉设计：唯众视觉

化妆造型：B.D360造型组

研发支持：唐剑聪

项目推广：朴　晶　金弋琳　沈　燕　左宗泽　赵晓敏　管俊云

责　　编：韩　群

制 片 人：吴晓斌　刘　娴

制作指导：祝永泰

监　　制：许文广

总 监 制：钱　蔚

由 CCTV1 唯众传媒 联合制作